国家出版基金项目
NATIONAL PUBLICATION FOUNDATION

地球观测与导航技术丛书

环境一号卫星遥感数据处理

余 涛 王 桥 魏 斌 方 莉 等著

科学出版社
北 京

内 容 简 介

本书主要介绍了我国环境一号卫星及其特点,对环境一号卫星数据处理中的关键问题进行了研究、总结,并针对这些问题介绍了环境一号卫星遥感数据的预处理技术,主要包括高精度辐射校正与辐射定标技术、多尺度遥感数据自动配准技术、环境一号卫星 CCD 相机云检测与大气订正技术、面向环境遥感监测的环境一号卫星数据融合技术,并介绍了环境一号卫星遥感数据处理系统。

本书可供从事遥感技术和应用研究的科学工作者阅读,也可供高等院校遥感、地球信息科学等专业的师生参考使用。

图书在版编目(CIP)数据

环境一号卫星遥感数据处理/余涛等著. —北京:科学出版社,2013

(地球观测与导航技术丛书)

ISBN 978-7-03-037220-8

Ⅰ.①环… Ⅱ.①余… Ⅲ.①卫星遥感－环境遥感－数据处理 Ⅳ.① X87

中国版本图书馆 CIP 数据核字(2013)第 055267 号

责任编辑:彭胜潮 李秋艳/责任校对:张凤琴
责任印制:徐晓晨/封面设计:王 浩

科 学 出 版 社 出版
北京东黄城根北街 16 号
邮政编码:100717
http://www.sciencep.com

北京厚诚则铭印刷科技有限公司 印刷
科学出版社发行 各地新华书店经销

*

2013 年 3 月第 一 版 开本:787×1092 1/16
2017 年 5 月第二次印刷 印张:12 1/2 插页:15
字数:300 000

定价:118 00 元
(如有印装质量问题,我社负责调换)

《地球观测与导航技术丛书》编委会

顾问专家

徐冠华　龚惠兴　童庆禧　刘经南
王家耀　李小文　叶嘉安

主　编

李德仁

副主编

郭华东　龚健雅　周成虎　周建华

编　委（按姓氏汉语拼音排序）

鲍虎军　陈　戈　陈晓玲　程鹏飞　房建成
龚建华　顾行发　江碧涛　江　凯　景贵飞
景　宁　李传荣　李加洪　李　京　李　明
李增元　李志林　梁顺林　廖小罕　林　珲
林　鹏　刘耀林　卢乃锰　孟　波　秦其明
单　杰　施　闯　史文中　吴一戎　徐祥德
许健民　尤　政　郁文贤　张继贤　张良培
周国清　周启鸣

本书作者名单

（以姓氏笔画为序）

王　桥　　方　莉　　卞小林　　田国良　　田　维

许　华　　刘其悦　　李小英　　李家国　　邹同元

余　涛　　邵　芸　　李海涛　　郝胜勇　　高海亮

顾海燕　　游代安　　韩　杰　　熊文成　　薛晓娟

魏　斌

《地球观测与导航技术丛书》出版说明

地球空间信息科学与生物科学和纳米技术三者被认为是当今世界上最重要、发展最快的三大领域。地球观测与导航技术是获得地球空间信息的重要手段，而与之相关的理论与技术是地球空间信息科学的基础。

随着遥感、地理信息、导航定位等空间技术的快速发展和航天、通信和信息科学的有力支撑，地球观测与导航技术相关领域的研究在国家科研中的地位不断提高。我国科技发展中长期规划将高分辨率对地观测系统与新一代卫星导航定位系统列入国家重大专项；国家有关部门高度重视这一领域的发展，国家发展和改革委员会设立产业化专项支持卫星导航产业的发展；工业与信息化部和科学技术部也启动了多个项目支持技术标准化和产业示范；国家高技术研究发展计划（863计划）将早期的信息获取与处理技术（308、103）主题，首次设立为"地球观测与导航技术"领域。

目前，"十一五"计划正在积极向前推进，"地球观测与导航技术领域"作为863计划领域的第一个五年计划也将进入科研成果的收获期。在这种情况下，把地球观测与导航技术领域相关的创新成果编著成书，集中发布，以整体面貌推出，当具有重要意义。它既能展示973和863主题的丰硕成果，又能促进领域内相关成果传播和交流，并指导未来学科的发展，同时也对地球观测与导航技术领域在我国科学界中地位的提升具有重要的促进作用。

为了适应中国地球观测与导航技术领域的发展，科学出版社依托有关的知名专家支持，凭借科学出版社在学术出版界的品牌启动了。地球观测与导航技术丛书。

丛书中每一本书的选择标准要求作者具有深厚的科学研究功底、实践经验，主持或参加863计划地球观测与导航技术领域的项目、973相关项目以及其他国家重大相关项目，或者所著图书为其在已有科研或教学成果的基础上高水平的原创性总结，或者是相关领域国外经典专著的翻译。

我们相信，通过丛书编委会和全国地球观测与导航技术领域专家、科学出版社的通力合作，将会有一大批反映我国地球观测与导航技术领域最新研究成果和实践水平的著作面世，成为我国地球空间信息科学中的一个亮点，以推动我国地球空间信息科学的健康和快速发展！

李德仁

2009 年 10 月

前　言

遥感作为一种对地观测手段，为人类提供了从多方位和宏观角度认识地球乃至宇宙的新方法，在探索自然的多个领域中发挥了日益重要的作用。随着经济的发展，具有全球性影响的环境问题日益突出，环境遥感逐渐成为遥感技术应用的新领域、新方向。2008 年我国研制并发射的环境与灾害监测预报小卫星星座（简称"环境一号卫星"）是我国继气象卫星、海洋卫星、国土资源卫星之后的又一个新型民用卫星。首发的环境一号卫星 A、B 星携带了 CCD 相机、IRS 红外相机、HIS 超光谱成像仪 3 种有效载荷，其中两颗星上的 CCD 相机经过组网后可实现全国范围 2 天覆盖。通过构建多颗小卫星组成的星座，支撑了先进的环境与灾害监测预警体系的建立，有效地提高了我国环境监测和综合减灾能力，促进了大范围、全天候、全天时、动态的环境和灾害监测的实现。

环境一号卫星的成功发射并业务化运行，为我国生态破坏、环境污染和灾害监测以及遥感相关研究工作提供了更为丰富、宝贵的遥感影像资源。为了充分发挥这些资源的作用，首要解决的是遥感数据的预处理问题，它是遥感应用分析中十分重要的部分。在遥感数据获取过程中，由于遥感系统空间、波谱、时间、辐射分辨率以及多角度的限制，再加上复杂的大气、陆地、水体形态，在数据获取的过程中不可避免地要产生一些偏差，并丢失一部分信息，这将会极大地降低遥感数据的质量，从而影响随后的人工或计算机辅助影像分析的精度。因此，在实际进行遥感图像处理分析之前，有必要先对遥感原始数据进行一定的预处理，确保遥感影像数据对地面目标几何、光谱与辐射信息的真实反映。遥感图像预处理涉及的内容很宽，包括许多较复杂的数学模型、算法和软件，如何促进遥感数据处理分析方法和手段的发展，减小数据误差、提高遥感的时效性和精度，是目前遥感图像处理的一个热点、难点问题。

本书提出的遥感数据处理关键技术涉及预处理中有关几何与辐射订正部分，主要包括以下几个方面：①多源环境遥感数据的高精度辐射校正和交叉辐射定标技术。研究多种光学传感器的交叉辐射定标技术、不同传感器观测时间以及波段响应函数不一致的归一化方法、多源雷达遥感数据交叉辐射定标技术以及长时间序列多源遥感图像时间滤波技术。②多尺度环境遥感数据自动配准技术。建立多尺度的地面特征点数据库，研究基于自动影像匹配的遥感图像的定位和几何精校正技术，解决遥感数据时空分辨率不一致的问题。③面向环境遥感的城市环境及水体目标的大气订正技术。建立针对气溶胶类型和含量、大气水汽含量和垂直分布、考虑城市下垫面二向反射特性的大气订正先验知识库。④面向环境遥感监测的环境一号等国产卫星数据融合技术。通过多源数据辐射传输模拟确定遥感数据之间的互补性，扩展系统目标探测的时空覆盖范围，提高系统的空间分辨率、全天候工作能力以及抗干扰能力。

本书的目的是为我国环境一号卫星的应用提供技术支撑。以国内环境监测相关遥感数据为基准，集成已有的研究成果，研究出更高精度的数据处理技术与评价方法，并研发了一套较为完善的环境一号卫星遥感数据处理应用软件加以实践，为环境一号卫星等国产卫星遥感数据处理关键技术研究提供一定的基础研究和参考。

全书共 6 章。第 1 章为绪论，对我国环境一号卫星载荷、轨道参数、环境一号卫星数据特点做了基本介绍，并提出环境一号卫星数据处理中的关键问题。第 2 章为多源环境遥感数据的高精度辐射校正和交叉辐射定标，对环境一号卫星高精度可见光、近红外场地辐射定标与交叉辐射定标，红外相机辐射定标，高光谱成像仪辐射定标研究，高精度 SAR 场地辐射定标与交叉辐射定标，传感器 MTF 校正和光学传感器多源数据归一化进行介绍。第 3 章为多尺度环境遥感数据自动配准，在对主流的配准算法进行了介绍和对比分析基础上，研究了同一传感器不同波段之间图像配准技术，环境一号卫星星座不同卫星平台传感器的自动配准模型技术，同类、异类传感器件的图像配准技术，基于自动影像配准的遥感图像定位和几何精校正技术及遥感数据空间分辨率转换方法。第 4 章为环境一号卫星 CCD 相机云检测与大气订正，对云特性分析、云检测方法介绍和基于环境一号卫星数据的云检测原理进行介绍，对环境一号卫星 CCD 相机水环境遥感高精度大气校正方法，环境一号卫星 CCD 相机城市环境遥感高精度大气校正方法进行了研究。第 5 章为面向环境遥感监测的环境一号卫星遥感影像融合，介绍了环境一号卫星 CCD 相机与红外相机、CCD 相机与 SAR 遥感影像的融合，高光谱相机与 CCD 相机遥感影像的融合，以及多时相 CCD 相机影像融合、高空间分辨率影像与 CCD 影像融合的方法。第 6 章为环境一号卫星遥感数据处理系统，主要讲述环境一号卫星遥感数据处理系统的设计与开发，主要内容包括环境一号卫星遥感数据处理系统总体指标、方案设计、信息处理流程分析与设计、标准规范、核心算法集成等。

本书由余涛、王桥完成全书的总体设计，并由余涛、田国良完成全书的修改与定稿，由方莉、刘其悦完成全书的组稿与统稿。各章主要编写人员如下：第 1 章，方莉、刘其悦、薛晓娟；第 2 章，邵芸、李小英、田维、李家国、高海亮、卞小林；第 3 章，郝胜勇、邹同元；第 4 章，许华、方莉、刘其悦；第 5 章，魏斌、熊文成、游代安；第 6 章，李海涛、顾海燕。

本书所介绍的成果是在环境保护部、国家科技支撑计划项目"基于环境一号等国产卫星的环境遥感监测关键技术与软件研究"第二课题"环境一号卫星遥感数据处理关键技术及软件研发研究"（课题号：2008BAC34B02）资助下完成的。在此，对环境保护部领导的高度重视和各相关部门的支持表示衷心感谢！对参加本项目研究的中国科学院遥感应用研究所、中国测绘科学研究院、环境保护部卫星环境应用中心、航天恒星科技有限公司的技术人员表示衷心感谢！本书的编写还参考了大量国内外专家学者的研究成果，对此也表示衷心的感谢！

由于作者水平有限，书中不足之处在所难免，恳请读者批评指正。

目　　录

彩图

第1章 绪 论

1.1 环境卫星介绍

1998年原国家环境保护局与国家减灾委员会共同提出"环境与灾害监测预报小卫星星座系统"建设方案，2002年原国防科工委正式将"环境与灾害监测预报小卫星星座"命名为"环境一号卫星"（代号HJ-1），并列入民用航天"十五"计划和《中国航天白皮书》民用卫星发展重点。环境一号卫星系统建设的主要任务是利用我国自主小卫星星座，提高我国生态环境与灾害遥感监测的能力，为我国环境保护与防灾减灾提供信息与技术支撑，全面提高我国环境和灾害信息的获取、处理和应用水平。考虑到我国现有的技术基础、技术发展趋势和财政支撑能力，该星座采用分步实施战略进行建设，即先期发射两颗光学小卫星和一颗合成孔径小卫星(HJ-1A、HJ-1B、HJ-1C)，组成"2+1"星座，初步形成我国的环境与灾害遥感监测体系。2008年9月6日，环境一号卫星"2+1"星座中的两颗光学小卫星(HJ-1A和HJ-1B)"一箭双星"发射成功，完成在轨测试后于2009年3月30日正式交付使用。

"环境一号卫星A、B星"(HJ-1A、HJ-1B星)是我国专用于环境与灾害监测预报的卫星，它的成功运行将对我国生态破坏、环境污染和灾害进行大范围、全天候、全天时动态监测，即时反映生态环境和灾害发生、发展的过程，对生态环境和灾害发展变化趋势进行预测，对灾情进行快速评估，并结合其他手段，为紧急救援、灾后救助和重建工作提供科学依据，标志着我国的航天遥感事业又迈入了一个新的阶段。

HJ-1A、HJ-1B是我国继气象卫星、海洋资源卫星之后的一个全新民用卫星系统，具有光学、红外、超光谱多种探测手段，是目前国内民用卫星中技术较复杂、指标较先进的对地观测系统之一。HJ-1A卫星和HJ-1B卫星的轨道设计完全相同，相位相差180°。两台CCD相机组网后重访周期仅为2天。其轨道参数如表1.1所示。

表1.1 HJ-1A、B卫星轨道参数

项 目	参 数
轨道类型	准太阳同步圆轨道
轨道高度/km	649.1
半长轴/km	7020.1
轨道倾角/(°)	97.94
轨道周期/min	97.6
每天运行圈数	14+23/31
重访周期/天	CCD相机：2天；超光谱成像仪或红外相机：4天
回归(重复)周期/天	31

项　目	参　数
回归(重复)总圈数	457
降交点地方时	10:30AM±30min
轨道速度/(km/s)	7.5
星下点速度/(km/s)	6.8

HJ-1A、B 卫星采用的轨道类型为准太阳同步圆轨道,轨道高度为 649.1km,每天绕地球飞行 14+23/31 圈,回归周期为 31 天。轨道倾角为 97.9°,轨道周期为 97.6min。

1.2　环境卫星数据特点

HJ-1A、HJ-1B 星上搭载了设计原理完全相同的 CCD 相机。CCD 相机包括两台(CCD相机 1 和 CCD 相机 2),两台相机以星下点对称放置、平分视场、并行观测,用于获取地面的可见光图像。CCD 相机空间分辨率均为 30m,幅宽为 700km,且两颗星上的 CCD 相机经过组网后可实现 2 天重访周期。此外,HJ-1A 星上搭载了空间分辨率为 100m、具有 110～128 个光谱波段的 HSI(超光谱成像仪),幅宽为 50km;HJ-1B 星上搭载了一台空间分辨率为 150/300m 的红外相机,具有 4 个波段(表 1.2)。

表 1.2　HJ-1A、HJ-1B 卫星数据特点及主要载荷参数

平台	有效载荷	波段号	光谱范围/μm	空间分辨率/m	幅宽/km	侧摆能力	重访时间/天	数传数据率/Mbps
HJ-1A 星	CCD 相机	1	0.43～0.52	30	36(单台),700(两台)	—	4	120
		2	0.52～0.60	30				
		3	0.63～0.69	30				
		4	0.76～0.90	30				
	高光谱成像仪	—	0.45～0.95(110～128 个谱段)	100	50	±30	4	
HJ-1B 星	CCD 相机	1	0.43～0.52	30	36(单台),700(两台)	—	4	60
		2	0.52～0.60	30				
		3	0.63～0.69	30				
		4	0.76～0.90	30				
	红外多光谱相机	5	0.75～1.10	150(近红外)	720	—	4	
		6	1.55～1.75					
		7	3.50～3.90					
		8	10.5～12.5	300(10.5～12.5μm)				

HJ-1A、HJ-1B 卫星的标准产品根据地面处理系统的辐射校正和几何校正的程度分为0～5 级,包括 CCD 数据标准产品、高光谱数据标准产品、红外数据标准产品(见中国资源卫星应用中心网站)见表 1.3。

表 1.3　HJ-1A、B 影像数据产品级别

产品分级	产品名称	产品说明
0 级	原始数据产品	分景后的卫星下传遥感数据
1 级	辐射校正产品	经辐射校正，未经几何校正的产品数据
2 级	系统几何校正产品	经辐射校正和系统几何校正，并将校正后的图像映射到指定的地图坐标下的产品数据
3 级	几何精校正产品	经过辐射校正和几何校正，同时采用地面控制点改进产品的几何精度的产品数据
4 级	高程校正产品	经过辐射校正、几何校正和几何精校正，同时采用数据高程模型(DEM)纠正了地势起伏造成的视差的产品数据
5 级	标准镶嵌图像产品	无缝镶嵌图像产品

1.3　环境卫星数据处理中的关键问题

本书面向环境遥感监测的环境一号等国产卫星数据处理关键技术，研究解决环境一号卫星宽覆盖 CCD 相机、高光谱成像仪、红外相机、S 波段 SAR 等新型遥感器遥感数据处理中几何与辐射订正问题，涉及环境一号卫星多源遥感数据的高精度辐射校正、几何标校以及多空间分辨率图像配准关键技术，适用于污染水体以及城市下垫面的大气校正技术，环境一号等国产卫星的多源遥感数据融合关键技术。通过研发环境一号卫星遥感数据处理应用软件加以试验分析。从研究对象上，重点针对环境一号卫星遥感数据，同时也考虑其他卫星遥感数据；从研究内容上，重点针对从 1 级卫星遥感数据与处理到环境遥感信息提取应用之间需要解决的数据处理关键技术问题；从研究目的上，希望为环境一号卫星信息应用以及其他环境遥感信息应用(尤其是定量、高频次、大范围环境信息提取)，提供技术支持。主要涉及的研究内容包括以下 5 个方面：

（1）多源环境遥感数据的高精度辐射校正和交叉辐射定标技术。

（2）多尺度环境遥感数据自动配准技术。

（3）面向环境遥感监测的大气订正技术。

（4）面向环境遥感监测的环境一号等国产卫星数据融合技术。

（5）环境一号卫星遥感数据处理系统。

上述环境一号卫星遥感数据处理及其关键技术的研究具有重要的实际意义，主要体现在以下两个方面：

（1）为环境一号卫星应用提供有力的技术支撑，从而促进大范围、全天候、全天时、动态的环境监测能力的提高，支持先进的环境监测预警体系建立，加强环境决策和环境管理的科学性。

（2）促进了我国环境遥感科技技术创新能力的提升，填补了我国环境一号等国产卫星遥感数据处理的多项关键技术预研的空白，支持我国环境遥感技术和环境监测的技术发展。

第 2 章　多源环境遥感数据的高精度辐射校正和交叉辐射定标

  遥感对地球表面目标进行探测，是利用装载在遥感平台上的遥感器接收来自目标的反射或辐射。对遥感信号进行辐射定标，是给出遥感信息在电磁波不同波段内的地表物质的定量物理量，例如，在可见光—近红外—短波红外波段内地表的反射比，热红外波段内地表的辐射温度和真实温度，在微波波段内地表物体的亮度温度和发射率及物体的后向散射系统等的定量数值(顾行发等，2005)。要得到这些物理量必须进行传感器辐射定标，也只有在这些定量物理量的基础上，才能通过实验的或物理的模型将遥感信息与地学参量联系起来，定量地反演或推算某些地学或生物学的参量。

  另一方面，随着遥感定量化应用的深入和多传感器之间对比研究的增强，实时评价传感器本身的辐射光学以及 SAR 特性，及时发现并正确纠正传感器辐射响应变化对遥感定量化应用与发展是必不可少的。传感器在轨绝对辐射定标、探元的不均一校正、传感 MTF 校正与多个传感器数据的归一化研究是促进遥感定量化应用的关键。

2.1　高精度可见光近红外场地辐射定标与交叉辐射定标

  目前，传感器的在轨绝对辐射定标主要分为在轨星上定标、在轨场地定标和在轨交叉定标。在轨星上定标主要依赖星上定标设备实现对传感器的实时监测，但由于一些卫星缺乏完善的星上定标设备，使得该方法具有局限性。高精度的场地辐射定标和交叉辐射定标是绝大多数遥感卫星可见光近红外通道采用的定标方法。场地辐射定标是在卫星成像同时、同步测量地面的辐射特性及其大气参数，实现传感器的辐射定标。交叉辐射定标是用定标精度较高的参考传感器对定标精度较低的目标传感器进行定标的方法，该方法不需要精确地测量大气参数等，可以在较少人力和物力的情况下开展，并获得相对较高的定标精度。场地定标是卫星在轨运行过程中经常采用的方法之一，而且定标较其他方法准确。场地定标需要在卫星过境时进行野外同步测量和实验。

2.1.1　光学辐射定标开展相关方法研究及实验

  光学辐射定标包括反射率基法、辐亮度法和辐照度法。

  反射率基法：它要求精确地测量地面目标的反射率、光谱消光光学厚度和其他气象参数。大气的散射和吸收用 6S 辐射传递模式或 MODTRAN 模式来计算。模式的输出值是给定地面反射率的 TOA 辐亮度。将这个辐亮度值和被测地面区域的卫星遥感平均计数值比较就可以得出定标系数，单位是计数值/辐亮度。

辐亮度基法：用一台标定好的辐射计在一定的高度来测量地面目标的辐亮度。辐射计可以通过直升机或轻型飞机放置在大约 3 km 的高度或更高高度的飞行器上，例如在 20 km 的 ER-2 上。这个辐亮度值通过对辐射计高度以上大气的散射和吸收订正得到 TOA 辐亮度。

辐照度基法(改进的反射率基法)：它除了需要和反射率基法相同的测量数据外，还要测量在地面的漫射总辐照度之比。这个测量可以减小在散射计算中由于气溶胶模式假设而带来的不确定性。

场地辐射定标的精度取决于地面反射目标的均一性、地面测量的精确性、大气参数的准确度及辐射传输方程的精度。S. F. Biggar 对场地辐射定标中三种方法的不确定性作了详细的分析。场地辐射定标中，虽然辐亮度法在三种方法中最精确，但由于耗费大且辐射计在飞行中的困难问题使它应用不广。辐照度方法与反射率方法类似，但利用测量下行太阳辐射和天空辐照度来进一步控制辐射传输的结果，由于投入的劳力较大，也没有被广泛使用。目前，应用最广的是反射率基法。

场地定标法是一种有效且应用很广的辐射定标法，但是它的缺点也是非常突出的。场地定标法需要大量的同步测量数据，每次测量所需的人力、仪器及资金的投入都很高，因此它所能提供的定标数据非常有限。场地定标中各种测量中的误差直接影响到辐射定标，使其定标精度并不高。另外这种方法只能是现实数据的定标，不能为历史数据提供辐射定标系数。因此，只依赖于该方法很难满足于遥感数据的定量化需要。

为了顺利完成 HJ 卫星的定标与在轨 MTF 测量研究内容，开展了多次卫星同步实验。实验主要包括 2008～2010 年间在内蒙古开展的辐射定标同步实验和敦煌、青海湖开展的辐射定标同步实验，通过测量的地表反射率和大气数据，分析场地均匀性、稳定性以及反射率特性等，从而为开展高精度的场地辐射定标和交叉辐射定标打下基础。

1. 内蒙古场辐射定标同步实验

分别于 2008 年、2009 年与 2010 年在内蒙古开展了辐射定标的同步实验。

1) 2008 年的同步实验

中国科学院遥感应用研究所/国家航天局航天遥感论证中心定标与真实性检验实验室(简称"定标室")，根据卫星的轨道运行参数和实验场地的气候条件，选择了在 2008 年 9 月至 10 月卫星过境时期(过境时卫星天顶角度在 20°以内)，在内蒙古自治区赤峰市克什克腾旗达里诺尔进行场地定标实验(表 2.1)。定标内容包括 CCD 相机定标、高光谱定标和热红外定标，以期为环境减灾卫星的定标做出贡献，推动环境减灾卫星数据在我国的早日使用。

表 2.1 卫星过境时间及轨道参数

日期(年-月-日)	卫星	过境时间	卫星观测角	测量内容
2008-09-28	CCD-A	03:22:06.16	10°～20°	草地
2008-09-29	CCD-B	03:14:55.94	10°以内	草地
2008-10-01	CCD-A	03:04:04.76	10°～20°	有少量云，进行部分测量
2008-10-02	CCD-A	03:30:16.21	20°～30°	有云，只进行达里湖水温测量
2008-10-03	CCD-B	03:18:03.59	10°以内	草地、达里湖、岗更湖

其中，10月2日由于空中有大量的云，未进行地面测量。9月30日为草地的 BRDF 测量，未进行场地普测。

（1）场地均匀性分析（见彩图1）。由彩图1可以看出，不同区域地表反射率也基本一致，8个方向的标准方差均小于0.004，相对方差小于3%（400 nm 以后），这也说明整个场地具有很好的均匀性。

（2）场地稳定性分析（见彩图2）。由彩图2可以看出，4天地表的反射率基本一致，其标准方差均小于0.5%，相对方差从400 nm 之后均小于5%。进而证明了整个场地具有稳定性，在相邻日期地表反射率保持不变。

（3）达里湖水体反射率。达里湖水体反射率在湖中进行，利用快艇将光谱仪带入湖中，间隔一段距离进行测量，具体测量方法见下节。共对22个测点进行测量（测量结果见彩图3）。

由彩图3可以看出，不同点测量反射率基本一致，只有在550 nm 附近有少量变化，这主要是由于测量过程中船身抖动引起的误差。计算多点反射率的标准方差和相对方差，发现其相对方差约为5%，而标准方差约为0.2%。而短波红外波段（1 000～2 500 nm）差异较大，相对方差可达到30%，这是由于短波红外水体反射率过低，且光谱仪自身的噪声相对较大，使相对差异变大。

2）2009 年的同步实验

从2009年9月17日至9月27日，中国科学院遥感应用研究所定标小组在内蒙古自治区赤峰市克什克腾旗的贡格尔草原实验草地、苏尼特左旗场地以及二连浩特沙草地进行了连续多天的地表反射率测量和大气参量测量（图2.1）。

(a)贡格尔草原反射率测量

(b)苏尼特左旗场地反射率测量

(c)二连浩特沙草地反射率测量

(d)贡格尔草原大气参量测量

图2.1　内蒙古参数测量实验

除贡格尔场地外，还选择达里湖和岗更湖作为辅助的实验场。达里湖位于贡格尔草原的西南部，水域面积 $228\,\mathrm{km^2}$，呈海马状，为苏打型半咸水湖；总储水量 $16\times10^8\,\mathrm{m^3}$，平均水深 $7\,\mathrm{m}$，最大水深 $13\,\mathrm{m}$。主要用于对低反射率目标进行测量，采用当地的旅游船，进入水面中心进行测量。测量过程见图2.2。岗更湖是选择的另外一个定标场，它位于达里湖东南约 $20\,\mathrm{km}$ 处，是一个内陆淡水湖，面积约为 $21\,\mathrm{km^2}$。

图 2.2　达里湖场地(左)和岗更湖场地(右)

图2.3为9月23日内蒙古贡戈尔草原地表反射率以及与2008年地表反射率的比对，比对结果表明在 $400\sim700\,\mathrm{nm}$ 之间，2008年测量反射率略低，且在 $700\,\mathrm{nm}$ 附近有一个显著上升的趋势；而2009年反射率基本呈线性上升趋势；在 $700\sim1\,000\,\mathrm{nm}$，两条测量曲线一致，表明在近红外波段，不同年份场地反射率保持不变。

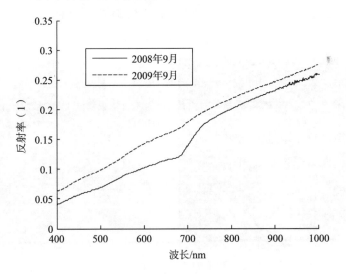

图 2.3　内蒙古贡戈尔草原地表反射率比对

在测量地表反射率的同时，利用太阳光度计 CE318 对当天大气进行测量，根据相关算法，得到2008年9月23日全天的气溶胶光学厚度，如图2.4所示。在中午12点之前，气溶胶光学厚度非常稳定，其值约为 0.07，12点至14点气溶胶有所上升，但也在 0.2 以下，表明该场地大气非常干洁，适合定标实验的开展。野外测量时间为上午 10:00～12:00，该

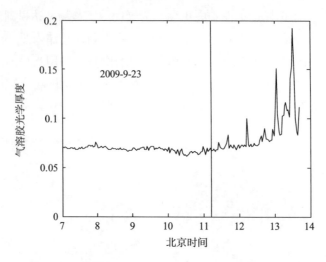

图 2.4　内蒙古场地 2009 年 9 月 23 日气溶胶光学厚度

时间段内气溶胶变化很小，其测量的光谱具有一致性。其中，卫星成像时刻为 11:12:53，对应的气溶胶光学厚度为 0.072。

3）2010 年的同步实验

2010 年 6 月 18 日至 6 月 30 日中国科学院遥感应用研究所定标小组在内蒙古自治区赤峰市克什克腾旗的贡格尔草原实验草地对 HJ-1 A/B 星进行了场地定标实验。结合卫星过境时间和天气等因素，分别于 6 月 19 日、6 月 23 日和 6 月 24 日对贡格尔场地进行实地测量（图2.5）。

图 2.5　大气气溶胶(左)和地表反射率测量(右)

除贡格尔场地外，还选择达里湖和岗更湖作为辅助的实验场。主要用于对低反射率目标进行测量，采用当地的旅游船，进入水面中心进行测量。测量过程见图 2.6。

图 2.6 达里湖场地(左)和岗更湖场地(右)

6 月 23 日(蓝线)与 6 月 24 日(红线)贡格尔场地的平均反射率曲线(见彩图 4)。从彩图 4 可以看出,6 月 23 日和 6 月 24 日这两天的贡格尔场地反射率测量结果基本一致,表明场地具有很好的稳定性。

图 2.7 为 6 月 24 日 550 nm 气溶胶光学厚度反演结果,可得到在卫星成像时刻的 550 nm 气溶胶光学厚度在 0.2 至 0.25 之间,说明场地大气条件干洁,气溶胶光学厚度小,图像受大气吸收和散射的影响小,有利于定标实验的开展。

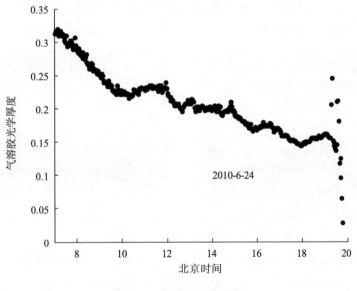

图 2.7 气溶胶光学厚度

2. 敦煌、青海湖辐射定标同步实验

1) 2008 年敦煌场同步实验

敦煌定标实验以中国资源卫星中心为牵头单位,联合中国科学院遥感应用研究所、国家减灾委员会、国家环保总局(现为环境保护部)、中国科学院安徽光学精密机械研究所和中国东方红卫星股份有限公司等多家单位进行定标实验。定标实验从 2008 年 10 月 10 日至 10 月

25 日，对敦煌辐射校正场的地表和大气气溶胶进行连续多天测量。结合卫星过境时间和天气等因素，分别于 10 月 14 日、10 月 18 日、10 月 19 日、10 月 20 日和 10 月 22 日对敦煌场地进行实地测量(图 2.8)。

图 2.8　大气气溶胶和地表反射率测量

除敦煌场地外，还选择南湖和棉花场作为辅助的实验场。南湖位于敦煌场西南约 50 km 处，主要是一个面积约 300 m×300 m 的水库，其水源来自冰山融雪。主要用于低反射率目标的测量，采用当地的渔船，进入水面中心进行测量。测量过程见图 2.9。棉花场是选择的另外一个定标场，它位于敦煌市北偏东约 30 km 处，是一个棉花加工工厂，内部有一个面积约为 200 m×100 m 大小的水泥场地。

图 2.9　南湖场地（左）和棉花场地（右）

10 月 20 日敦煌场地 78 个测量点的平均反射率、标准均方差和相对均方差见彩图 5。其中相对均方差为标准均方差和平均反射率的比值，它更能反映不同测点之间的相对变化。可以看出，不同测量点的反射率基本一致，绝对均方差变化小于 1%，相对均方差在 3% 左右，这也进一步证明了场地的均匀性。

从彩图 5 可以看出，不同日期的敦煌反射率测量结果基本一致，相对方差约为 3%。这说明了场地在 10 月 12 日、10 月 14 日、10 月 18 日和 10 月 20 日 4 天敦煌地表反射率基本保持一致，表明场地具有很好的稳定性。

10 月 20 日气溶胶测量结果见彩图 6，440 nm 的气溶胶光学厚度在 0.16 左右，670 nm 气溶胶在 0.14 左右，870 nm 气溶胶约为 0.125，1020 nm 气溶胶光学厚度约为 0.1。通过 4 个通道光学厚度反演，可计算得到 550 nm 的气溶胶光学厚度约为 0.147，对应的能见度为

40 km，说明场地大气条件干洁，气溶胶光学厚度小，图像受大气吸收和散射的影响小，有利于定标实验的开展。

水体测量结果见彩图 7，可以得出如下结论：

（1）天空光反射率随波长急剧降低，由 350 nm 的 45％ 反射率迅速降低到 450 nm 的 10％，到 950 nm 仅为 5％。这是由于天空光主要为瑞利散射，随波长变长而显著降低。

（2）岗更湖湖水反射率在蓝波段范围内，反射率约为 2％；在绿波段、红波段和近红外波段反射率在 3％～10％，其中在 570 nm、650 nm、710 nm 和 800 nm 处有 4 个小的波峰，在 630 nm、680 nm 和 760 nm 为 3 个小的波谷，大于 800 nm 之后，反射率逐渐降低到 1％。

（3）不同方向和不同方位的天空光测量中，除东侧方向倾斜测量值偏大外，其他 5 次测量结果基本一致，说明整个天空光受观察角度和方位的影响很小，而东侧倾斜测量较大可能是由于测量过程中人为误差引起。

（4）不同方向和不同方位的水体测量中，除南侧方向倾斜测量值偏大外，其他 5 次测量结果基本一致，说明岗更湖湖水反射率受测量方位和测量角度的影响较小，而南侧倾斜测量值偏大的原因是由于同太阳在一个主平面内，受水体的镜面影响较大，这同常规水体测量时，同太阳主平面呈 40°～135° 的要求一致，该测量角度是目前国际水色 SIMBIOS 计划中推荐的方法。

2）2009 年敦煌场同步实验

此次实验的目的有：

（1）通过敦煌辐射校正场及周边均匀地物的同步测量，实现环境卫星 HJ-1A 和 HJ-1B 卫星各 CCD 相机的辐射定标，得到各传感器的辐射定标系数。

（2）通过敦煌辐射校正场的同步测量，实现环境卫星 HJ-1A 的超光谱成像仪 115 个通道的在轨辐射定标，得到各通道的辐射定标系数。

（3）通过敦煌辐射校正场地表反射率和大气参数的测量，并同多年历史数据比较，分析评价场地的均匀性和稳定性，为今后开展时间序列定标及场景定标提供数据积累。

（4）通过多家单位多台仪器的同步多频次测量，分析比较各仪器本身的精度，一方面确保测量结果的真实可靠；另一方面通过仪器的比较，计算出仪器自身的不确定度及对最终定标系数的影响。

（5）通过不同仪器对敦煌场地地表和大气的多天连续测量，计算出地表辐射特性及大气光学厚度的不确定性，通过对其测量结果的不确定性分析，得到最终定标系数的不确定度。

实验期间，结合卫星过境情况及当地天气等因素，选择 2009 年 8 月 21 日、8 月 25 日、8 月 26 日和 8 月 28 日在敦煌场地开展同步测量实验。在敦煌场地，除了进行地表反射率测量外，还利用 CE317 和 CE318 进行大气气溶胶测量。

环境卫星辐射定标实验场位于敦煌校正场中心，面积为 600 m×600 m（图 2.10），4 个角点的经纬度见表 2.2。在实验场地内部，每隔 50 m 布设一个小旗，南北方向的每一列测点采用相同颜色的小旗作为标识，共布设有 11×11 个点（见彩图 8）。

图 2.10 敦煌场地远景与近景

表 2.2 环境卫星定标实验辐射校正场具体位置

经纬度	左上角	左下角	右上角	右下角
经度	94°23′26″	94°23′26″	94°23′49″	94°23′49″
纬度	40°5′41″	40°5′23″	40°5′41″	40°5′23″

寿昌海位于敦煌市西南 70 km 处,南湖乡政府东南 4 km 处,是上游众多泉水汇集积蓄而成的一泓湖池。寿昌海水体经纬度为:东经 94°8′4″,北纬 39°55′28″,海拔高度为 1 300 m。寿昌海水体南北长约 1 000 m,东西宽约 200 m,水体清澈见底,无任何工业污染。水中长有水草,近处看呈深绿色(图 2.11)。

图 2.11 寿昌海水体远景与近景

棉花加工厂位于敦煌市区东北侧,距离市中心约 20 km,具体经纬度为东经 94°43′53″,北纬 40°15′24″。棉花加工厂有一大块裸露的水泥地,面积约为 100 m×200 m。实验期间,对加工厂水泥地及周边棉花地进行同步测量实验,获取了多天的水泥地及棉花地反射率。测量日期为 2009 年 8 月 21 日、8 月 25 日和 8 月 26 日。其中 8 月 21 日由北京大学携带 ASD-HH 开展同步测量,8 月 25 日由中国科学院光电院携带 SVC 开展实验,8 月 26 日由中国资源卫星应用中心携带 SVC 开展实验。

党河水库亮沙地位于党河水库周边,由亮沙地组成,具体经纬度为东经 94°19′16″,北纬 39°56′46″。实验期间，只有 8 月 21 日前往该场地进行同步测量实验，测量单位为中国资源卫星应用中心，携带的仪器为 ASD-FR。

4 个实验场地的具体位置见表 2.3 和图 2.12。

表 2.3　四个实验场地的具体位置

实验场地	经度	纬度
敦煌校正场	东经 94°23′37.5″	北纬 40°5′32″
寿昌海水体	东经 94°8′4″	北纬 39°55′28″
棉花加工厂	东经 94°43′53″	北纬 40°15′24″
党河亮沙地	东经 94°19′16″	北纬 39°56′46″

图 2.12　四个试验场具体位置

3）2010 年敦煌、青海湖同步实验

本次定标实验以中国资源卫星应用中心为牵头单位，联合中国科学院遥感应用研究所、环境保护部卫星环境应用中心、神舟软件公司和山东科技大学等多家单位进行定标实验。

本次定标实验分别在 2010 年 7 月 30 日至 8 月 6 日以及 8 月 7 日至 8 月 19 日期间对青海湖辐射校正场和敦煌辐射校正场的地表和大气气溶胶进行连续多天测量。结合卫星过境时间和天气等因素，分别于 8 月 1 日、8 月 5 日对青海湖场地进行实地测量（图 2.13、图 2.14），于 8 月 12 日、8 月 14 日、8 月 16 日和 8 月 18 日对敦煌场地进行实地测量。

在青海湖场地测量阶段，测量主要分为陆地测量和湖面测量两大部分（图 2.13、图 2.14）。陆地测量由试验人员在鸟岛宾馆顶层对 CE317 和 CE318 进行操作记录。湖面随船测量仪器

图 2.13　青海湖场地大气气溶胶测量

图 2.14　青海湖场地水体测量

主要是 SVC、CE312 和 102F。实际测量在卫星过境前后 1.5 小时左右进行定点测量,同步获取了相关的经纬度和表层水体温度数据。在卫星过境前后的时间段内对点位进行了加密测量。

在敦煌场地测量阶段,8 月 12 日、8 月 14 日、8 月 16 日和 8 月 18 日对地表光谱反射率进行了测量,场地和测量路线图如彩图 9 所示。

测量以中间直线为中轴,两组测量人员持两台光谱仪进行同步测量。两个采样点间隔 50 m,在每两点之间均匀随机选取 10 个点进行测量。每个点位进行一次白板测量。同时,在场地附近还进行了 CE318、CE317 的测量(图 2.15)。

图 2.15　地表反射率和大气气溶胶测量

在 8 月 14 日和 8 月 18 日，同时还进行了用 CE312 对地表温度的测量（图 2.16）。测量时沿场地边缘水泥桩为标志，两点之间间隔 500 m，在每个测点附近随机选择地面点进行测量。同步获得经纬度和地表温度等辅助数据。地表温度由接触式温度计测得，测量时在测点附近随机选取多处地表进行测量后取均值。

图 2.16　敦煌场地 CE312 测量

2.1.2　CCD 相机高精度辐射定标研究

1. 高精度交叉定标方法

对于参考传感器的选择，一方面要求定标精度较高；另一方面要求过境频率高。Landsat 7 及 SPOT 上的传感器定标精度虽然较高，但很难获得与国内 CBERS 卫星、HJ-1 卫星或"北京一号"等卫星同步覆盖的数据。MODIS 具有完善的星上定标系统，定标结果较理想，星上定标系数的不确定性在 2% 左右。而且 MODIS 的过境频率很高，每天都可以获得同一地区 MODIS 覆盖的图像（图 2.17）。为了验证 MODIS 的辐射定标精度，利用 2004 年8 月 19 日敦煌同步实验对 MODIS 的定标系数进行真实性检验，结果表明，MODIS 的定标系数的精度较高，可作为交叉辐射定标的参考传感器。交叉定标需要解决不同传感器间观测角度影响、光谱匹配因子变化、不同观测角度辐射定标等问题。

对于观测角度影响问题：通过测量场地的 BRDF 特性，利用几何核驱动模型以进行角度修正。

对于光谱匹配因子变化问题：收集与测量不同时期不同地物的光谱，用统计的方法进行规律分析。

对于不同观测角度辐射定标问题：采用辐射定标系数归一化。

最终分别利用以下第 i 通道 TOA 辐亮度及 TOA 反射率的交叉定标公式实现交叉定标：

$$\mathrm{DC}_{ci} = \frac{\rho_{ci}}{\rho_{mi}} \cdot \frac{E_{csi} \cdot \cos\theta_c}{\pi \cdot d^2} \cdot \frac{1}{c_{mi}} \cdot \mathrm{DC}_{mi} \cdot a_{ci} + \mathrm{DC}_{c0,i} \tag{2.1}$$

$$\mathrm{DC}_{ci} = \frac{\rho_{ci}}{\rho_{mi}} \cdot \frac{1}{c_{mi}} \cdot \mathrm{DC}_{mi} \cdot c_{ci} + \mathrm{DC}_{c0,i} \tag{2.2}$$

如果选择的定标点是一个点，公式中的偏移量 $\mathrm{DC}_{c0,i}$ 设为 0，即算出定标斜率系数；如果是两个点以上，即可算出斜率系数和偏移量 $\mathrm{DC}_{c0,i}$。

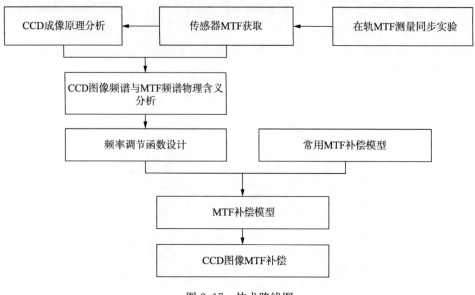

图 2.17　技术路线图

2. CCD 相机定标结果

1) 调增益前：CCD 相机定标结果分析

针对 HJ-1 星 CCD 相机，2008 年 9 月底至 10 月中旬在内蒙古和敦煌实验场进行了定标试验。为了对定标结果进行检验，利用多种定标方法进行相互验证，包括反射率法、交叉定标和辐照度法（此方法只在敦煌进行），利用 Terra MODIS 进行交叉定标。HJ-1 星和 MO-DIS 在内蒙古和敦煌过境地点和时间见表 2.4。其中 HJ-1 A2CDD 在 2008 年 10 月 8 日、HJ-1 B2CDD 在 2008 年 9 月 28 日和 10 月 10 日在敦煌过境时未进行同步，但基于敦煌试验场稳定的地面光学特性，利用 10 月中旬的地面光谱同步数据来进行计算。

表 2.4　传感器与过境地点、时间

试验场地点	过境时间（年-月-日）	传感器及其观测天顶角	同步实验
内蒙古	2008-09-28	HJ-1 A1CCD　15.3°	有
敦煌	2008-10-20	HJ-1 A1CCD　11.8°	有
		MODIS　27.8°	
内蒙古	2008-10-01	HJ-1 A2CCD　19°	有
		MODIS　43.3°	
敦煌	2008-10-08	HJ-1 A2CCD　14.5°	无
		MODIS　22.5°	
敦煌	2008-10-14	HJ-1 B1CCD 垂直	有
敦煌	2008-10-18	HJ-1B1CCD　8.0°	有
		MODIS　43.7°	
敦煌	2008-09-28	HJ-1 B2CCD　22.7°	无
敦煌	2008-10-10	HJ-1 B2CCD　4.8°	无
		MODIS　35°	

A. 对 HJ-1A1CCD 的定标结果和评价

2008 年 10 月 20 日 HJ-1A1CCD 在敦煌上空过境,地面进行了同步实验,通过对实验数据的处理,得到了 A1CCD 相机的定标系数,为了验证其准确与否,分别采用辐照度法、交叉定标法以及 2008 年 9 月 28 日在内蒙古的同步实验来进行验证。由于卫星过境时并不是垂直观测,有一定的角度,因此在进行地表反射率计算时,进行了场地 BRF 的校正,得到和卫星传感器相同观测天顶角方向的反射率,并且分别利用垂直观测的反射率和方向反射率进行定标系数的计算,结果如表 2.5 和表 2.6。

表 2.5 未考虑 BRDF 得到的定标系数

日期(年-月-日)	方法	波段 1	波段 2	波段 3	波段 4
2008-10-20	反射率法	0.557037	0.526663	0.679955	0.733415
2008-10-20	辐照度法	0.5942	0.5391	0.6817	0.7308
2008-10-20	交叉定标	0.596188152	0.564890138	0.714332675	0.784424125
2008-09-28	反射率法	0.555931	0.524462	0.648405	0.724957

表 2.6 考虑 BRDF 得到的定标系数

日期(年-月-日)	方法	波段 1	波段 2	波段 3	波段 4
2008-10-20	反射率法	0.564673	0.535024	0.691031	0.742991
2008-10-20	辐照度法	0.6018	0.5505	0.6924	0.7401
2008-10-20	交叉定标	0.560083262	0.536843475	0.686474307	0.742109375
2008-09-28	反射率法	0.581067	0.549035	0.672268	0.746197
	卫星中心	0.5763	0.5410	0.6824	0.7209

可以看出,在卫星观测天顶角大于 10°,需要进行地面 BRF 的校正。定标结果中,辐照度法得到的波段 1 的定标结果与其他方法得到的结果偏差稍大些,与反射率法的结果相对差异为 6.3%,交叉定标和 9 月 28 日的结果均比较理想,与反射率法的相对差异小于 3%,与卫星中心的结果也很接近。说明此次得到的 A1CCD 的定标系数可靠。

B. 对 HJ-1 A2CCD 的定标结果和评价

2008 年 10 月 8 日 HJ-1 A2CCD 在敦煌上空 14.5°观测天顶角过境,地面未进行同步实验,以 10 月 14 日在敦煌场得到的同步地面数据进行辐射传输计算,得到了 A2CCD 相机的定标系数,为了验证其准确与否,分别采用交叉定标法以及 2008 年 10 月 1 日在内蒙古的同步实验来进行验证。由于卫星过境时并不是垂直观测,有一定的角度,因此在进行地表反射率计算时,进行了场地 BRF 的校正,得到和卫星传感器相同观测天顶角方向的反射率,并且分别利用垂直观测的反射率和方向反射率进行定标系数的计算,结果如表 2.7。

表 2.7 未考虑 BRDF 得到的定标系数

日期(年-月-日)	方法	波段 1	波段 2	波段 3	波段 4
2008-10-08	反射率法	0.618309	0.563974	0.794073	0.874327
2008-10-08	交叉定标	0.582811984	0.535122644	0.791710354	0.844997048
2008-10-01	反射率法	0.596152	0.589081	0.817456	0.891727
2008-10-01	交叉定标	0.486901882	0.438276561	0.769637075	0.781320418

从表 2.7 和表 2.8 中 2008 年 10 月 8 日的反射率法结果比较可以看出,辐射传输计算中是否考虑场地的 BRDF 对定标结果有一定影响,尤其第 3、4 波段,差异达到 6% 左右,因此需要进行地面 BRF 的校正。2008 年 10 月 8 日反射率法和交叉定标得到的结果非常接近,相对差异小于 1.5%,其中利用辐射传输计算得到的 MODIS 的结果与其星上定标结果也很吻合,可以说明此次交叉定标结果理想。将 2008 年 10 月 8 日敦煌得到的结果和 2008 年 10 月 1 日内蒙古得到的结果比较,发现第 1 波段差异较大,为 6%,其他三个波段为 3% 左右,10 月 1 日交叉定标的结果与当天的反射率法的结果有一定差异,尤其是第 1 波段和第 2 波段,其原因可能是内蒙古场地的 BRF 计算有误,导致 Terra MODIS 大的观测角度下计算的场地 BRDF 产生较大误差,进而引起交叉定标中的误差。综上结果,认为 2008 年 10 月 8 日的定标结果比较理想。

表 2.8　考虑 BRDF 得到的定标系数

日期(年-月-日)	方法	波段 1	波段 2	波段 3	波段 4
2008-10-08	反射率法	0.606334	0.542243	0.750759	0.817978
2008-10-08	交叉定标	0.597629262	0.545480304	0.759969951	0.814738598
2008-10-01	反射率法	0.570613	0.557798	0.774226	0.844097
2008-10-01	交叉定标	0.537799509	0.489547906	0.764964012	0.8112666
	卫星中心	0.6360	0.5910	0.8142	0.8768

C. 对 HJ-1 B1CCD 的定标结果和评价

2008 年 10 月 14 日和 10 月 18 日 HJ-1 B1CCD 在敦煌以小角度过境,地面进行同步实验,分别利用这两天在敦煌场得到的同步地面数据进行辐射传输计算,得到了 B1CCD 相机的定标系数,为了验证其准确与否,采用交叉定标法和辐照度法来进行验证,结果如表 2.9。

表 2.9　未考虑 BRDF 得到的定标系数

日期(年-月-日)	方法	波段 1	波段 2	波段 3	波段 4
2008-10-14	反射率法	0.5269294	0.5290882	0.71446	0.7311733
2008-10-14	辐照度法	0.5549	0.5408	0.7176	0.7350
2008-10-18	反射率法	0.51906	0.529699	0.697762	0.732381
2008-10-18	辐照度法	0.5361	0.5240	0.6923	0.7308
2008-10-18	交叉定标	0.529594	0.544883	0.689128	0.7497
	卫星中心	0.5329	0.52895	0.68495	0.72245

从表 2.9 可以看出,三种方法得到的结果都比较接近,除去 10 月 14 日辐照度法得到的第 1 波段结果外,其他数据之间的相对差异均小于 3%,和卫星中心的结果也很吻合,说明 B1CCD 的定标结果可靠。

D. 对 HJ-1 B2CCD 的定标结果和评价

2008 年 9 月 28 日和 10 月 10 日 HJ-1 B2CCD 在敦煌过境,地面未进行同步实验,利用 10 月 14 日敦煌场得到的同步地面数据进行辐射传输计算,得到了 B2CCD 相机的定标系数,其中 9 月 28 日过境时卫星观测角度较大,进行了场地 BRF 校正。利用这两天的结果进行相互验证，同时也采用交叉定标法来进行验证，结果如表 2.10 和表 2.11。

表 2.10   未考虑 BRDF 得到的定标系数

日期(年-月-日)	方法	波段 1	波段 2	波段 3	波段 4
2008-09-28	反射率法	0.61278	0.55429	0.805197	0.829364

表 2.11   考虑 BRDF 得到的定标系数

日期(年-月-日)	方法	波段 1	波段 2	波段 3	波段 4
2008-09-28	反射率法	0.5589	0.4942	0.7107	0.7252
2008-10-10	反射率法	0.5682	0.4921	0.7217	0.7409
2008-10-10	交叉定标	0.5683	0.4936	0.7268	0.7596
	卫星中心	0.5782	0.5087	0.6825	0.6468

从表 2.10 和表 2.11 可以看出，9 月 28 日和 10 月 10 日得到的定标系数很接近，相对差异小于 2%，10 月 10 日交叉定标与这两天结果也很接近，几种独立的方法和过程得到的结果的一致性说明此次对 HJ-1B2CCD 的定标结果可靠。

2）调增益后：CCD 相机定标结果分析（表 2.12）

表 2.12   2009 年新增益下环境卫星 CCD 定标系数

CCD	波段 1	波段 2	波段 3	波段 4
HJ-1A CCD1	0.9547	0.9258	1.1951	1.1277
HJ-1A CCD2	1.0067	0.9788	1.3316	1.1875
HJ-1B CCD1	0.9025	0.9419	1.2582	1.2544
HJ-1B CCD2	0.9796	0.9449	1.3642	1.1436

注：定标日期：2009 年 10 月 20 日～10 月 29 日

3）CCD 相机时间序列的交叉定标结果与衰减情况

2010 年，本实验以 MODIS 作为参考传感器，对 HJ-1 卫星 CCD 相机进行交叉定标，通过与辐照度基法和反射率基法的比较，说明交叉定标的误差在 6% 左右（表 2.13）。研究通过比较不同分辨率下敦煌场 DN 值，说明空间分辨率不一致对 MODIS 和 CCD 之间的交叉定标影响很小（表 2.14）。

表 2.13   交叉定标结果及分析

比较的内容	2008-10-20 A1CCD				2008-10-18 B1CCD			
	波段 1	波段 2	波段 3	波段 4	波段 1	波段 2	波段 3	波段 4
Aci	0.545	0.541	0.687	0.743	0.510	0.530	0.704	0.739
与反射率法相对差异/%	−3.52	1.11	−0.43	1.56	−2.93	−1.21	−0.64	−0.36
与辐照度法相对差异/%	−6.14	−1.74	−0.85	0.64	−5.517	−0.067	0.182	−0.121

续表

	2008-10-08	A2CCD			2008-10-10	B2CCD		
	波段 1	波段 2	波段 3	波段 4	波段 1	波段 2	波段 3	波段 4
Aci	0.605	0.546	0.754	0.833	0.559	0.497	0.726	0.732
与反射率法相对差异/%	−0.20	0.68	0.43	1.84	0.44	3.42	3.07	1.54

	2008-10-22	B1CCD		
	波段 1	波段 2	波段 3	波段 4
Aci	0.883	0.907	1.244	1.286
与反射率法相对差异/%	−0.85	−1.01	−0.80	−1.08
与辐照度法相对差异/%	−0.31	−2.83	−1.15	2.66

表 2.14　MODIS 和 CCD 相机空间分辨率分析

选择区范围	CCD 图像			MODIS 图像		
	波段	DC 均值	与 500 m 区域 DC 均值相对差异	波段	DC 均值	与 500 m 区域 DC 均值相对差异
500 m	1	33.59		1	2608.77	
	2	42.35		2	4652.72	
	3	35.82		3	3184.63	
	4	37.28		4	3567.45	
1 km	1	33.77	0.54	1	2620.89	0.46
	2	42.66	0.74	2	4675.78	0.50
	3	36.01	0.52	3	3199.98	0.48
	4	37.34	0.18	4	3561.86	−0.16
2 km	1	33.74	0.44	1	2615.31	0.25
	2	42.64	0.68	2	4657.77	0.11
	3	35.90	0.23	3	3192.29	0.24
	4	37.27	−0.01	4	3558.50	−0.25
5 km	1	33.74	0.44	1	2615.41	0.25
	2	42.72	0.87	2	4645.06	−0.16
	3	35.91	0.27	3	3210.43	0.81
	4	37.29	0.05	4	3569.81	0.07

　　采用稳定沙漠场方法，对 CCD 相机进行时间序列的交叉定标，并对 CCD 相机的衰减情况进行了分析。研究表明，CCD 相机辐射特性比较稳定，具体结果见表 2.15～表 2.18 及彩图 10～彩图 13 所示。

表 2.15　A1CCD 定标系数

日期(年-月-日)	波段 1	波段 2	波段 3	波段 4
2008-10-01	0.5781	0.5518	0.7150	0.7448
2008-10-20	0.5647	0.5350	0.6910	0.7407
2008-11-16	0.5636	0.4988	0.6434	0.7091
2009-05-02	0.5683	0.5420	0.7231	0.7563
2009-07-11	0.5451	0.5196	0.6895	0.7039
2009-08-11	0.5678	0.5507	0.7072	0.7335
2009-09-15	0.5910	0.5578	0.7053	0.7227
2009-09-27	0.5605	0.5376	0.6969	0.7394
2009-10-16	0.5737	0.5351	0.6677	0.7246

表 2.16　A2CCD 定标系数

日期(年-月-日)	波段 1	波段 2	波段 3	波段 4
2008-09-16	0.6083	0.5535	0.7931	0.7894
2008-09-27	0.6091	0.5504	0.7838	0.8130
2008-10-08	0.6063	0.5422	0.7508	0.8180
2009-03-16	0.6172	0.5548	0.7716	0.8601
2009-04-12	0.6558	0.5982	0.8496	0.9093
2009-04-20	0.6758	0.6121	0.8647	0.9144
2009-05-17	0.6138	0.5591	0.7738	0.8332
2009-05-21	0.5923	0.5378	0.7403	0.7895
2009-05-29	0.5688	0.5115	0.7183	0.7978
2009-06-29	0.5891	0.5308	0.7344	0.7696
2009-08-30	0.6100	0.5503	0.7582	0.8197
2009-09-07	0.6047	0.5529	0.7557	0.8083
2009-10-08	0.5981	0.5377	0.7389	0.8189

表 2.17　B1CCD 定标系数

日期(年-月-日)	波段 1	波段 2	波段 3	波段 4
2008-09-17	0.5376	0.5647	0.7525	0.8278
2008-10-14	0.5269	0.5291	0.7145	0.7312
2008-10-18	0.5248	0.5368	0.7082	0.7420
2008-11-14	0.5499	0.5122	0.6833	0.7039
2008-11-22	0.5440	0.5098	0.6739	0.7229
2009-02-19	0.5463	0.5215	0.7209	0.7733
2009-05-04	0.5040	0.5321	0.7407	0.7999
2009-05-31	0.5061	0.5329	0.7401	0.7889
2009-07-05	0.5377	0.5501	0.7404	0.7488
2009-09-21	0.5403	0.5585	0.7611	0.7878
2009-10-18	0.5411	0.5338	0.7459	0.7673

表 2.18　B2CCD 定标系数

日期(年-月-日)	波段 1	波段 2	波段 3	波段 4
2008-10-06	0.5841	0.5201	0.7351	0.7483
2008-10-10	0.5564	0.4804	0.7036	0.7207
2009-02-15	0.6074	0.4993	0.7433	0.7662
2009-03-18	0.5971	0.5289	0.7714	0.7767
2009-03-22	0.5698	0.5107	0.7646	0.7962
2009-06-19	0.5929	0.5455	0.7911	0.8070
2009-06-23	0.5761	0.5338	0.7726	0.7879
2009-10-02	0.5986	0.5241	0.7599	0.7469
2009-10-06	0.5869	0.5223	0.7420	0.7024
2009-10-10	0.5679	0.4881	0.7148	0.7180

2.2　高光谱成像仪辐射定标研究

随着遥感理论研究的深入及多颗国产卫星发射,各行业对遥感定量化应用的需求越来越迫切,而辐射定标是实现遥感定量化的前提,它在很大程度上决定了定量化产品的精度。本书以环境卫星 HJ-1A 搭载的超光谱成像仪 HIS 为研究对象,开展超光谱成像仪在轨辐射定标和表观辐亮度产品的真实性研究,得到超光谱成像仪 115 个通道的定标系数,并确保其表观辐亮度产品的真实可靠,从而提高了国产卫星的定标精度。

2.2.1　高光谱成像仪定标方法

超光谱成像仪场地定标以场地反射率基法为基础,针对超光谱成像仪的特点有所改进,最终实现传感器的在轨辐射定标。其中,场地测量过程同反射率基法完全一致,在此不再重复。两者的不同主要体现在辐射传输计算过程中。

常规的辐射传输计算主要利用 6S 或 MODTRAN,通过输入地表和大气参数,结合各通道的光谱响应函数,直接计算出各通道的表观辐亮度。由于 HSI 采用干涉成像原理,未能对各通道的光谱响应进行测量,无法用常规方法直接计算出各通道的表观辐亮度。

借鉴实验室定标和星上定标的思路,通过辐射传输计算,将地表反射率曲线转换成表观反射率,利用式(2.3),计算出表观辐亮度曲线,通过插值得到各通道的表观辐亮度,实现超光谱成像仪的辐射定标(图 2.18)。其中,辐射传输计算不是直接利用 6S 或 MODTRAN,而是根据大气辐射传输的基本原理,利用式(2.3),计算出 $450\sim1\,000\,\mathrm{nm}$ 的表观反射率 $\rho^*(\lambda)$ 。

$$\rho^*(\lambda) = \left[\rho_0(\lambda) + \frac{\rho(\lambda)}{1 - \rho(\lambda)S(\lambda)}T_v(\lambda)T_s(\lambda)\right] \times T_g(\lambda) \qquad (2.3)$$

式中，$\rho_0(\lambda)$ 为大气自身反射率；$T_s(\lambda)$ 和 $T_v(\lambda)$ 分别表示太阳方向和卫星方向大气散射透过率；$T_g(\lambda)$ 为吸收气体透过率；$S(\lambda)$ 为大气半球反照率；$\rho(\lambda)$ 为地表反射率；λ 为波长。式（2.3）中的地表反射率 $\rho(\lambda)$ 可通过对地表反射率光谱曲线的插值得到，其他参数则利用辐射传输软件 6S 模拟计算获得。

辐射传输计算中，根据敦煌场地的大气特征和测量日期，选择沙漠型气溶胶模式、中纬度冬季大气类型，地表为朗伯体，波段范围 450～1 000 nm，波段间隔为 2.5 nm。

利用辐射传输软件 6S，计算得到 450～1 000 nm 的大气层自身反射率 $\rho_0(\lambda)$，大气半球反射率 $S(\lambda)$，大气吸收透过率 $T_g(\lambda)$，卫星方向和太阳方向散射透过率 $T_s(\lambda)$ 和 $T_v(\lambda)$。输出的各参数光谱分辨率都为 2.5 nm，将敦煌场地的反射率采样成相同的光谱分辨率，即可得到敦煌场地的表观反射率 ρ_i^*。

$$L_i^* = \frac{\rho_i^* E_{0i} \cos\theta}{\pi d^2} \tag{2.4}$$

式中，θ 为太阳天顶角；d^2 为日地距离；E_{0i} 为卫星高度处等效太阳辐照度（单位：$W \cdot m^{-2} \cdot \mu m^{-1}$）。$\rho_i^*$ 为第 i 个通道的表观反射率，可利用各通道的中心波长对表观反射率函数 $\rho^*(\lambda)$ 插值得到。

假设每个通道的相对光谱响应 RSR 为矩形函数，$\mathrm{RSR}(\lambda) = \begin{cases} 1 & \lambda_1 < \lambda < \lambda_2 \\ 0 & \lambda < \lambda_1 \text{ 或 } \lambda > \lambda_2 \end{cases}$，代入式（2.5），即可得到各通道大气层外太阳等效辐照度 E_{0i}。

$$E_{0i} = \frac{\int_0^\infty \mathrm{RSR}(\lambda) E_0(\lambda) \, d\lambda}{\int_0^\infty \mathrm{RSR}(\lambda) \, d\lambda} = \frac{\int_{\lambda_1}^{\lambda_2} E_0(\lambda) \, d\lambda}{\lambda_2 - \lambda_1} \tag{2.5}$$

式中，$E_0(\lambda)$ 表示波长为 λ 时大气层顶的太阳辐照度（单位：$W \cdot m^{-2} \cdot \mu m^{-1}$），可从 MONTRAN 4.0 自带的数据文件中得到。

定标场地的图像为超光谱成像仪 DN 值图像，首先对图像进行几何校正，然后根据场地的经纬度，确定 6×6 大小的区域，计算图像的平均 DN 值。

将图像平均 DN 值和各通道的表观反射率，利用式（2.6），可得到各通道的表观反射率定标系数 R_i。其中 θ 为卫星过境时刻太阳天顶角。

$$R_i = \frac{\overline{\mathrm{DN}_i}}{\rho_i^* \cos\theta} \times d^2 \tag{2.6}$$

同理，根据式（2.7），利用图像平均 DN 值和表观辐亮度 L_i^*，可得到各通道的辐亮度定标系数 A_i。

$$A_i = \frac{\overline{\mathrm{DN}_i}}{L_i^*} \tag{2.7}$$

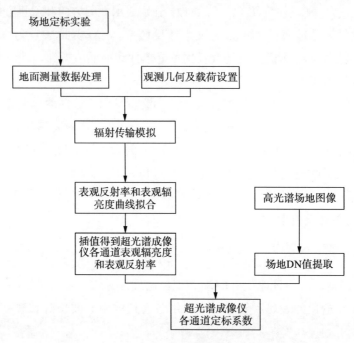

图 2.18　技术路线图

2.2.2　高光谱成像仪定标结果

1. 调增益前：高光谱成像仪定标结果与评价

2008 年 10 月 20 日敦煌场地同步定标实验测量的超光谱成像仪各通道定标系数结果见表 2.19。

表 2.19　环境卫星 HJ-1A 超光谱成像仪各通道定标系数

波长/nm	系数	波长/nm	系数	波长/nm	系数	波长/nm	系数	波长/nm	系数
460.040	0.307	481.875	0.569	505.880	0.899	532.415	1.172	561.875	1.397
462.135	0.314	484.175	0.615	508.415	0.935	535.220	1.179	565.000	1.430
464.250	0.350	486.495	0.746	510.975	0.960	538.055	1.239	568.160	1.430
466.380	0.375	488.835	0.688	513.560	1.035	540.920	1.285	571.360	1.459
468.530	0.395	491.200	0.722	516.170	1.133	543.815	1.257	574.595	1.442
470.705	0.450	493.590	0.735	518.805	1.124	546.745	1.279	577.865	1.477
472.900	0.472	496.000	0.744	521.470	1.079	549.705	1.319	581.170	1.488
475.110	0.488	498.435	0.778	524.165	1.109	552.695	1.350	584.515	1.512
477.345	0.510	500.895	0.837	526.885	1.193	555.720	1.369	587.900	1.576
479.600	0.541	503.375	0.868	529.635	1.135	558.780	1.421	591.325	1.600

续表

波长/nm	系数	波长/nm	系数	波长/nm	系数	波长/nm	系数	波长/nm	系数
594.790	1.610	643.820	2.227	701.660	3.171	770.915	3.417	855.345	3.921
598.295	1.657	647.930	2.308	706.540	3.186	776.815	3.576	862.615	3.743
601.840	1.725	652.090	2.347	711.495	3.244	782.805	3.720	870.005	3.830
605.425	1.722	656.305	2.594	716.515	3.420	788.885	3.801	877.525	3.700
609.060	1.774	660.575	2.487	721.605	3.447	795.065	3.871	885.175	3.644
612.740	1.829	664.900	2.557	726.770	3.460	801.340	3.815	892.960	3.498
616.460	1.899	669.285	2.654	732.010	3.379	807.715	3.826	900.885	3.382
620.225	1.904	673.725	2.781	737.325	3.426	814.195	3.713	908.950	3.182
624.035	1.990	678.225	2.848	742.720	3.496	820.775	3.702	917.160	2.967
627.895	1.987	682.785	2.910	748.195	3.525	827.460	3.572	925.520	2.763
631.805	2.088	687.410	4.073	753.750	3.529	834.260	3.608	934.035	2.345
635.760	2.113	692.095	3.086	759.390	7.594	841.175	3.673	942.705	2.022
639.765	2.171	696.845	3.005	765.110	4.813	848.200	3.794	951.540	1.806

2008 年定标系数结果验证，为保障敦煌场地定标系数的准确性，采用多种方法对其定标结果进行验证。包括同中国资源卫星应用中心公布定标系数的比较，同 2008 年 9 月内蒙古定标实验数据的验证及 2009 年 2 月澳大利亚定标实验数据的验证等。

1) 同中国资源卫星应用中心公布系数的比较（见彩图 14）

两者都是采用敦煌场地同步测量数据得到的，从彩图 14 中可以看出，两者曲线基本一致。在 700 nm 以后，差异逐步增大。

2) 同内蒙古 2008 年 9 月定标实验结果比较

2008 年 9 月，在内蒙古达里湖场地进行针对环境卫星的超光谱定标系数验证。将反演辐亮度和真实辐亮度进行比较，得到三个场地反演辐亮度与真实辐亮度的相对差异（具体结果见彩图 15）。

3) 同澳大利亚 2009 年 2 月定标实验结果比较

2009 年 2 月，中国科学院遥感应用研究所联合环境保护部，同澳大利亚开展国际合作，在澳大利亚场地进行辐射定标实验。澳大利亚选择的定标场地为 Lake Frome，该场地地表由结晶的粗盐颗粒组成，地表平坦，反射率非常高，最高可达到 70%。2009 年 2 月 10 日至 13 日，中澳科学家共同在 Lake Frome 场地进行地表反射率及大气气溶胶测量（图 2.19）。

图 2.19　澳大利亚 Lake Frome 场地

根据上述的验证方法，计算出 Lake Frome 多个测点的验证结果（见彩图 16）。

4）高光谱定标系数比较验证

分别将本实验获得的高光谱定标系数和中国资源卫星应用中心提供的定标系数应用于 2009 年 5 月 29 日与 2009 年 8 月 30 日的敦煌场图像，并将反演得到的辐亮度与 MODIS 对应通道的辐亮度进行比较，如彩图 17 所示，可以看出，本实验得到的结果与 MODIS 的更加吻合。

2. 调增益后：高光谱成像仪定标结果分析（表 2.20）

表 2.20　2009 年 HJ-1A 超光谱成像仪定标系数-定标日期：2009 年 8 月 26 日

波长/nm	定标系数	波长/nm	定标系数	波长/nm	定标系数	波长/nm	定标系数	波长/nm	定标系数
460.040	0.565	472.900	0.755	486.495	1.237	500.895	1.404	516.170	1.806
462.135	0.562	475.110	0.775	488.835	1.166	503.375	1.465	518.805	1.797
464.250	0.617	477.345	0.854	491.200	1.242	505.880	1.480	521.470	1.752
466.380	0.667	479.600	0.930	493.590	1.254	508.415	1.542	524.165	1.831
468.530	0.692	481.875	0.976	496.000	1.250	510.975	1.572	526.885	1.965
470.705	0.754	484.175	1.032	498.435	1.297	513.560	1.671	529.635	1.850

续表

波长/nm	定标系数	波长/nm	定标系数	波长/nm	定标系数	波长/nm	定标系数	波长/nm	定标系数
532.415	1.913	584.515	2.523	647.930	3.831	726.770	5.756	827.460	5.789
535.220	1.951	587.900	2.648	652.090	3.880	732.010	5.417	834.260	5.687
538.055	2.055	591.325	2.736	656.305	4.278	737.325	5.398	841.175	5.688
540.920	2.119	594.790	2.715	660.575	4.071	742.720	5.538	848.200	5.815
543.815	2.063	598.295	2.772	664.900	4.210	748.195	5.545	855.345	5.924
546.745	2.096	601.840	2.893	669.285	4.357	753.750	5.394	862.615	5.641
549.705	2.159	605.425	2.894	673.725	4.506	759.390	10.698	870.005	5.850
552.695	2.197	609.060	2.990	678.225	4.566	765.110	7.030	877.525	5.678
555.720	2.213	612.740	3.061	682.785	4.635	770.915	5.341	885.175	5.562
558.780	2.325	616.460	3.150	687.410	6.263	776.815	5.653	892.960	5.271
561.875	2.334	620.225	3.144	692.095	4.875	782.805	5.803	900.885	5.951
565.000	2.395	624.035	3.296	696.845	4.822	788.885	5.921	908.950	5.453
568.160	2.366	627.895	3.300	701.660	5.099	795.065	5.940	917.160	5.445
571.360	2.406	631.805	3.468	706.540	5.016	801.340	5.834	925.520	4.257
574.595	2.392	635.760	3.498	711.495	4.999	807.715	5.750	934.035	6.664
577.865	2.466	639.765	3.567	716.515	5.528	814.195	5.920	942.705	4.297
581.170	2.483	643.820	3.670	721.605	5.499	820.775	6.131	951.540	5.081

2.2.3 传感器探元响应不均一性校正

目前，传感器探元的不均一性校正有许多方法。针对 HJ-1 卫星高光谱传感器，本研究采用每个探测器的图像 DN 值的标准差 σ_i 和整幅图像标准差的平均值 σ_R，来计算增益 NG_i，σ_R 也可用某一典型探元的图像标准差代替，即

$$NG_i = \sigma_i/\sigma_R，\quad \sigma_R = \frac{1}{N}\sum_{j=1}^{N}\sigma_j \tag{2.8}$$

用每个探测器采集到的数据的平均值 μ_i 和参考探测器采集到的数据或者整个波段数据的平均值 μ_R 来计算偏置量 B_i，即

$$B_i = \mu_i - \frac{\sigma_i\mu_R}{\sigma_R} \tag{2.9}$$

式中，μ_i 为第 i 个探元的图像 DN 值的平均值；μ_R 为整幅图像 DN 值的平均值，也可以用某一典型探元的图像平均值代替。

图 2.20 和图 2.21 是 HJ-1 卫星高光谱相机相对辐射校正。

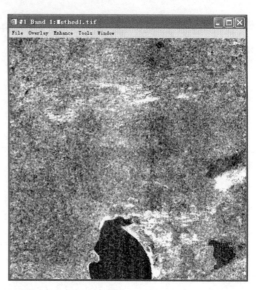

图 2.20　高光谱第 1 波段相对辐射校正前后图像

图 2.21　高光谱第 9 波段相对辐射校正前后图像

2.3　红外相机辐射定标研究

2.3.1　红外相机定标方法

由于星上定标过程中一些参数测量的不稳定性从而导致星上定标精度难以满足定量化应用的切实需求，利用青海湖定标与真实性检验场地的星地同步观测数据，包括大气廓线数据和场地测量数据对 HJ-1B B08 进行场地替代定标研究。在考虑现有替代定标方法的基础上，比较不同方法的优缺点，在现有的场地替代定标硬件设备和经济能力的条件下，构建适用于

HJ-1B B08 的替代定标 LET(Radiance，Emissivity and Temperature)方法，并分析该方法应用于 HJ-1B B08 时的定标精度及其应用潜力。

　　场地替代定标 LET 法技术路线如图 2.22 所示。利用 CE312 观测的数据、大气无线探空廓线数据、比辐射率和表皮温度的估算，得到计算过程的中间参数，最终得到 HJ-1B IRS B08 表观辐亮度，实现场地替代定标。

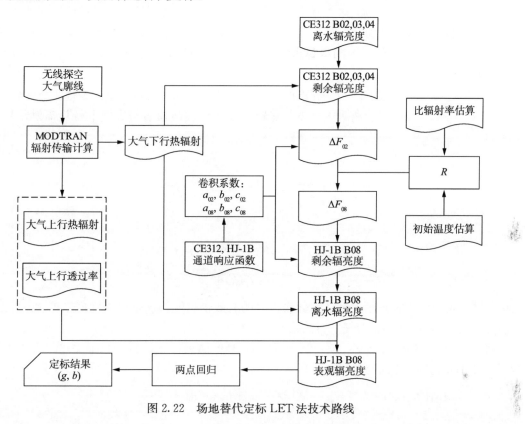

图 2.22　场地替代定标 LET 法技术路线

　　星上传感器通道计数值与通道等效表观辐亮度成线性关系，如下式所示：

$$L_i = (\mathrm{DN} - b)/g \qquad (2.10)$$

式中，L_i 为星上传感器通道 i 的入瞳处接收到的有效表观辐亮度；DN 为传感器通道计数值；g 为定标系数增益；b 为定标系数偏移。对于 HJ-1B B08 通道来说，只要有两组已知($L08$，DN)，即可获得定标系数 (g, b)。表观辐亮度包括穿透大气层被衰减后的离表辐亮度和大气上行热辐射两个部分，如下式所示：

$$L_i = \tau_i L_i^{\mathrm{sl}} + L_i^{\mathrm{up}} \qquad (2.11)$$

式中，L_i^{sl} 相当于传感器被放置在观测目标表面时通道 i 接收到的有效离表辐亮度；τ_i 为通道 i 从观测目标到星上传感器整层大气的透过率；L_i^{up} 为通道 i 的大气上行热辐射。

　　离表辐亮度主要有两个部分：第一部分是来自定标地物的热辐射，与地物比辐射率和温度相关；第二部分为定标地物反射的大气下行热辐射，与大气的吸收成分和物理状态相关。地面传感器接收到的通道有效离表辐亮度如下式所示：

$$L_i^{s1} = \frac{\int [\varepsilon(\lambda)B(\lambda,T) + \rho(\lambda)L^{down}(\lambda)] f_i(\lambda) d\lambda}{\int f_i(\lambda) d\lambda} \tag{2.12}$$

$$\rho(\lambda) = 1 - \varepsilon(\lambda)$$

式中，$\varepsilon(\lambda)$ 为目标地物的光谱比辐射率；B 为 Planck 方程；T 为地物的热力学温度；$\rho(\lambda)$ 为地物的光谱反射率；$f_i(\lambda)$ 为通道 i 的光谱响应函数。由于星上传感器不可能被放置在地面，因此星上传感器的离表辐亮度计算是场地替代定标中的关键因素，通常通过通道位置相近的地面热辐射计，如 CE312 的星地同步观测数据间接计算，CE312 与 HJ-1B B08 通道响应及波长位置如彩图 19 所示。

由定标过程可知，通道离表辐亮度的计算或获取是场地替代定标中的关键。对式(2.12)进行改写，将离表辐亮度分离为大气下行热辐射项和地表热辐射与大气下行热辐射差异项，可得到

$$L_i^{s1} = L_i^{down} + L_i^{\Delta}$$

$$L_i^{down} = \frac{\int L^{down}(\lambda) f_i(\lambda) d\lambda}{\int f_i(\lambda) d\lambda} \tag{2.13}$$

$$L_i^{\Delta} = \frac{\int \varepsilon(\lambda) [B(\lambda,T) - L^{down}(\lambda)] f_i(\lambda) d\lambda}{\int f_i(\lambda) d\lambda}$$

式中，L_i^{down} 是大气下行热辐射到达水体表面时的有效辐亮度；L_i^{Δ} 是地表剩余热辐射，即地表发射热辐射与接收热辐射(大气下行热辐射)的差异。

将 L_i^{Δ} 应用到 CE312 B02，03，04 和 HJ-1B B08 通道，并计算 HJ-1B B08、CE312 B02 与 CE312 B03、B04 之间的差异，可得

$$2L_{08}^{\Delta} \int f_{08}(\lambda) d\lambda = L_{03}^{\Delta} \int f_{03}(\lambda) d\lambda + L_{04}^{\Delta} \int f_{04}(\lambda) d\lambda + \Delta F_{08}$$

$$2L_{02}^{\Delta} \int f_{02}(\lambda) d\lambda = L_{03}^{\Delta} \int f_{03}(\lambda) d\lambda + L_{04}^{\Delta} \int f_{04}(\lambda) d\lambda + \Delta F_{02}$$

$$\Delta F_{08} = \int \varepsilon(\lambda) [B(\lambda,T) - L^{down}(\lambda)] \times [2f_{08}(\lambda) - f_{03}(\lambda) - f_{04}(\lambda)] d\lambda \tag{2.14}$$

$$\Delta F_{02} = \int \varepsilon(\lambda) [B(\lambda,T) - L^{down}(\lambda)] \times [2f_{02}(\lambda) - f_{03}(\lambda) - f_{04}(\lambda)] d\lambda$$

对上式进行进一步的改写，可得到

$$L_{08}^{\Delta} = a_{08} L_{03}^{\Delta} + b_{08} L_{04}^{\Delta} + c_{08} \Delta F_{08}$$

$$L_{02}^{\Delta} = a_{02} L_{03}^{\Delta} + b_{02} L_{04}^{\Delta} + c_{02} \Delta F_{02}$$

$$a_{08} = \frac{\int f_{03}(\lambda) d\lambda}{2\int f_{08}(\lambda) d\lambda} \quad b_{08} = \frac{\int f_{04}(\lambda) d\lambda}{2\int f_{08}(\lambda) d\lambda} \quad c_{08} = \frac{1}{2\int f_{08}(\lambda) d\lambda} \tag{2.15}$$

$$a_{02} = \frac{\int f_{03}(\lambda) d\lambda}{2\int f_{02}(\lambda) d\lambda} \quad b_{02} = \frac{\int f_{04}(\lambda) d\lambda}{2\int f_{02}(\lambda) d\lambda} \quad c_{02} = \frac{1}{2\int f_{02}(\lambda) d\lambda}$$

式中，a_i、b_i 和 c_i 是常量，只与传感器通道响应函数相关。L_{02}^{Δ}、L_{03}^{Δ} 和 L_{04}^{Δ} 可直接由观测的离表辐亮度和大气热辐射计算而来，从而得到 ΔF_{02}。L_{08}^{Δ} 的计算需要未知参数 ΔF_{08}，由定义直接计算 ΔF_{08} 需要精确的地表表皮温度和波谱比辐射率。由于 ΔF_{08} 和 ΔF_{02} 定义的表现形式一致，因此可以通过定义公式，构建 ΔF_{08} 和 ΔF_{02} 之间的函数关系，如式的比值 R，从而由 ΔF_{02} 得到 ΔF_{08}，进而得到 L_{08}^{Δ}，最终的公式如下：

$$R = \frac{\int \varepsilon(\lambda)\left[B(\lambda, T) - L^{\mathrm{down}}(\lambda)\right] \times \left[2f_{08}(\lambda) - f_{03}(\lambda) - f_{04}(\lambda)\right]\mathrm{d}\lambda}{\int \varepsilon(\lambda)\left[B(\lambda, T) - L^{\mathrm{down}}(\lambda)\right] \times \left[2f_{02}(\lambda) - f_{03}(\lambda) - f_{04}(\lambda)\right]\mathrm{d}\lambda} \tag{2.16}$$

$$
\begin{aligned}
L_{08}^{sl} &= L_{08}^{\mathrm{down}} + L_{08}^{\Delta} \\
L_{08}^{\Delta} &= a_{08}L_{03}^{\Delta} + b_{08}L_{04}^{\Delta} + c_{08}\Delta F_{08} \\
\Delta F_{08} &= R \times \Delta F_{02} \\
\Delta F_{02} &= (L_{02}^{\Delta} - a_{02}L_{03}^{\Delta} - b_{02}L_{04}^{\Delta})/c_{02} \\
L_i^{\Delta} &= L_i^{sl} - L_i^{\mathrm{down}} \quad (i = 02, 03, 04)
\end{aligned} \tag{2.17}
$$

由式(2.17)可知，热红外宽通道 HJ-1B B08 的离表辐亮度 L_{08}^{sl}，通过 R 值被表现成 CE312 B02，03，04 离表辐亮度的线性组合形式，组合系数与通道响应函数相关。R 值是关于表皮温度 T 和比辐射率 ε 的函数，因此 R 值对表皮温度 T 和比辐射率 ε 精度变化的敏感性是 LET 法应用的关键所在。

2.3.2　红外相机时间序列定标与验证

HJ-1B 卫星 2008 年 9 月下旬发射升空，10 月初正式在轨业务化运行。2008 年 10 月 5 日至 2009 年 10 月 9 日的一年时间里，HJ-1B 卫星与 Terra MODIS 共有 131 天相交于青海湖，除去有云遮挡、湖面结冰和空中落雪的共 105 天数据外，剩余 26 天质量较好的可用于交叉定标的数据。利用交叉定标劈窗算法计算不同日期 HJ-1B B08 表观辐亮度和表观亮温，再通过辐亮度—温度查找表得到表观亮温，计算得到的时间序列结果如表 2.21 所示。

表 2.21　时间序列交叉定标结果

日期(年-月-日)	T(M B31)/K	T(M B32)/K	T(H B08)/K	SZA(M)/(°)	SZA(H)/(°)
2008-10-05	284.16	283.77	283.73	23.44	7.63
2008-10-13	282.03	280.85	280.79	54.61	7.45
2008-10-24	281.19	280.78	280.73	32.07	25.77
2008-10-29	279.83	278.79	278.77	53.49	28.79
2008-11-09	279.04	278.54	278.63	32.29	2.20
2008-11-17	277.61	276.79	277.08	48.85	9.64
2008-11-29	275.52	275.14	275.02	12.80	25.78
2008-12-02	274.38	273.80	273.97	41.04	13.93
2008-12-10	272.94	272.33	272.53	41.79	3.14
2008-12-29	269.83	268.81	269.24	11.90	21.34

日期(年-月-日)	T(M B31)/K	T(M B32)/K	T(H B08)/K	SZA(M)/(°)	SZA(H)/(°)
2009-04-02	272.95	272.63	272.63	32.87	17.46
2009-04-06	274.25	273.91	273.80	12.36	22.40
2009-04-09	275.33	274.92	275.01	41.26	17.10
2009-04-17	276.17	275.70	275.85	41.63	6.92
2009-04-25	275.45	275.68	275.58	40.78	3.79
2009-05-02	276.77	276.23	276.36	48.64	30.72
2009-05-06	280.34	279.91	279.79	11.53	26.95
2009-05-22	279.60	279.17	279.14	11.43	5.07
2009-06-06	280.22	279.41	279.37	54.27	30.43
2009-07-11	286.16	285.44	285.50	13.36	28.38
2009-07-15	284.67	283.57	283.88	49.11	23.39
2009-07-27	286.68	286.12	286.13	13.07	7.16
2009-08-15	285.89	285.07	285.23	40.29	27.80
2009-08-16	285.66	284.93	285.14	47.34	21.96
2009-08-19	285.87	285.14	285.23	1.03	22.66
2009-09-27	285.45	284.97	284.90	11.27	16.94

注：M 代表 Terra MODIS；H 代表 HJ-1B IRS

交叉定标序列计算的时间从 2008 年 10 月 5 日到 2009 年 10 月 9 日，反映的是传感器在一年的时间段内的光学系统状态，场地替代定标反映在特定时间点，如 2009 年 8 月 19 日的光学系统状态。由交叉定标误差$(0.84+\delta UC)K(<1.06K)$和 2009 年 8 月 19 日场地定标最大误差 0.47K 计算，交叉定标的结果和场地定标的结果差异应该在 1.31K 以内，如果位于 $1.31\sim(1.31+\delta UC)K(<1.53K)$ 之间，则星上光学系统在一年内很有可能发生变化或者大气条件局部不平衡。HJ-1B IRS B08 表观亮温和表观辐亮度在一年时间内的交叉定标结果与场地定标结果的比对(见彩图 20～彩图 21)。交叉定标与场地替代定标的表观亮温的时间序列差异(彩图 21)，2008 年 11 月 29 日和 2009 年 6 月 6 日交叉定标比场地定标的表观亮温分别高 1.35K 和低 2.65K。

2008 年 11 月 29 日 1.35K 的差异结果介于 1.31K 和 1.53K 之间，表明该日局部大气不够均衡，δUC 不为零。

2009 年 6 月 6 日 2.65K 的表观亮温差异实在太大，究其原因不得而知，只能说可能与星上光路系统的突变、两个传感器观测路径上的大气局部不均衡或观测天顶角引起的相关效应有关。从表 2.21 可知该日 HJ-1B IRS 和 Terra MODIS 的观测天顶角在所有时间序列里面均为最大值，分别为 31°和 54°。从 6 月 6 日后期的差异变化情况来看，星上光路系统突变的可能性更小一些，除非突变后系统又回到突变前的状态，当然具体的原因需要进一步考证。

其他时间的亮温差异均在 1.31K 以内，并且在 0K 上下波动。总的来说，HJ-1B IRS 传感器在卫星发射一年后，星上光路系统没有发生明显的衰减现象，仪器工作较为稳定(见彩图 22)。

2.4　高精度 SAR 场地辐射定标与交叉辐射定标

定性雷达遥感技术已逐渐不能满足生态环境监测的需求，许多应用领域如从雷达图像提取生态环境参数、基于多时相雷达图像的动态检测等都需要建立雷达图像与目标雷达截面积或散射系数之间的定量关系。这需要解决两个方面的问题：一是精确性，即可以用雷达图像重复测量目标雷达截面积；二是正确性，即指从雷达图像中测得的目标雷达截面积与实际目标雷达截面积相一致。而雷达图像的信号强度不仅与目标的雷达截面积有关，还与雷达系统一系列参数有关，这些参数的不确定性及其随机变化使得 SAR 系统对目标回波的传递具有不确定性，该不确定性是时间和空间的函数，这就使得：①SAR 图像测量的重复性差；②SAR 图像不能精确反映实际地物目标的后向散射特征。因此，未经定标的 SAR 遥感数据无法实现对地定量观测，必须对 SAR 系统进行辐射定标。

SAR 传感器的辐射定标是指标定 SAR 系统测量目标后向散射信号幅度和相位的能力。要提高雷达遥感数据在生态环境监测中的应用水平，就必须对雷达获取的目标后向散射特征进行定量分析。通过对雷达遥感数据的辐射定标，可以使得同一幅图像内部或在不同时相、不同雷达系统、不同频段或不同极化通道雷达遥感图像上的目标具有可比性。本节试论述环境一号卫星 S 波段 SAR 传感器的辐射定标技术方法，以便提高微波遥感器的定标精度，保障卫星遥感器数据的可信度和实用性，提高环境一号卫星 S 波段 SAR 数据用于生态环境监测的准确性和定量化水平。

2.4.1　S 波段 SAR 辐射定标数理模型

1. SAR 辐射定标意义

SAR 系统辐射定标是指标定 SAR 系统端到端性能的过程；同时也是标定 SAR 系统测量目标后向散射信号幅度和相位的能力。SAR 系统辐射定标通常是通过在正常数据流中的不同节点（包括在信号处理器之前和之后）注入一系列标准信号，然后测量系统的输出响应，以实现辐射定标过程。

按照定标实现过程，辐射定标可以分为内定标和外定标。

内定标是指通过固定设备注入定标信号到雷达数据流中，以定标雷达系统性能的过程。内定标的主要对象为 SAR 载荷系统，一般由卫星设计部门在卫星总调阶段测定一系列的 SAR 系统参数，并将其送入 SAR 成像处理器进行系统增益补偿。内定标依靠 SAR 系统参数来实现 SAR 图像的预校准，但是却很难补偿接收机之外的系统性能损失和天线等器件的增益变化，因此完整的 SAR 系统辐射定标过程还必须采用已知雷达后向散射性能的外定标器等加以实现。

外定标是指通过地面目标产生或反射的定标信号来定标雷达系统性能的过程，这些地面目标可以是已知雷达截面积的点目标（如角反射器和有源发射器），也可以是已知散射特征的分布目标。外定标一般于卫星在轨调试阶段或卫星在轨运行期间不定期进行，以修正由于系统不稳定性造成的性能指标(如天线增益)漂移等误差。外定标是卫星遥感应用的重要前提之一。

2. SAR 辐射定标精度

按照 SAR 系统定标性能参数,辐射定标精度可以分为绝对定标精度、相对定标精度、极化通道平衡精度和极化相位定标精度等。

(1) SAR 图像绝对定标精度是指通过图像的一个(或一组)像素值估计其归一化雷达后向散射系数的精度,绝对定标需要确定全系统的增益。

(2) SAR 图像相对定标精度是指对两个(或两组)像素值归一化雷达后向散射系数比值的估计精度,相对定标是同一雷达数据之间的对比,不需要确定全系统增益。

(3) SAR 图像极化通道平衡是两个相干数据通道所获取的对应像素后向散射系数比值的估计精度。

(4) SAR 图像极化相位定标精度是两个相干数据通道所获取的对应像素相对相位的估计精度。

3. SAR 辐射定标模型

根据雷达方程(Curlander et al., 2006)

$$P_s = \frac{P_t G_r G^2(\varphi)\lambda^2(\sigma^0 \Delta x \Delta R_g)}{(4\pi)^3 R^4} \tag{2.18}$$

式中,P_t、P_s 分别为发射功率和接收功率;G_r 为全系统接收增益;$G(\varphi)$ 为俯仰天线方向图;λ 为入射波波长;c 为光速;R 为像元斜距;σ^0 为分布目标雷达后向散射系数;$\Delta x \Delta R_g$ 表示地面分辨单元面积,且有

$$\Delta x = \lambda R/L_a \tag{2.19}$$
$$\Delta R_g = c\tau_P/(2\sin\theta) \tag{2.20}$$

式中,τ_P 为脉冲宽度;L_a 为天线长度;θ 为入射角。因此,有如下关系:

$$P_s = \frac{P_t G_r G^2(\varphi)\lambda^3 c\tau_P}{2(4\pi R)^3 L_a \sin\theta}\sigma^0 \tag{2.21}$$

令

$$K(R) = \frac{P_t G_r G^2(\varphi)\lambda^3 c\tau_P}{2(4\pi R)^3 L_a \sin\theta} \tag{2.22}$$

则有

$$P_s = K(R)\sigma_0 \tag{2.23}$$

因此,$K(R)$ 即为 SAR 系统辐射定标传递函数 MTF,进一步可以写成

$$K(R) = K_s(R)\frac{P_t G_r G^2(\varphi)}{\sin\theta} \tag{2.24}$$

式中

$$K_s(R) = \frac{\lambda^3 c\tau_P}{2(4\pi R)^3 L_a} \tag{2.25}$$

由于系统工作波长等参数比较确定，因此，$K_s(R)$ 仅由斜距 R 决定。

因此，由式(2.24)和式(2.25)可见，SAR 系统辐射定标过程实质为全系统接收增益 G_r、俯仰天线方向图 $G(\varphi)$ 以及入射角 θ 的估计问题。

4. SAR 辐射定标误差传递模型

为了评估 SAR 辐射定标精度，假设雷达系统是线性系统，则接收机的输出功率可以表示为

$$P_r = P_s + P_n \tag{2.26}$$

式中，P_r 是接收机的总接收功率；P_s 是信号功率，如式(2.23)所示；P_n 是系统热噪声。因此，对于均匀分布的目标，传感器接收到的入射波反射功率为

$$\overline{P_r} = \overline{P_s} + \overline{P_n} \tag{2.27}$$

当忽略系统量化和饱和噪声时，对于均匀分布目标的平均接收功率与数字化视频信号之间有如下关系：

$$\overline{P_r} = \sum_{i,j}^{M} \left| \frac{n_{dij}}{M} \right|^2 = \overline{n_d}^2 \tag{2.28}$$

式中，n_{dij} 是 (i,j) 处数字化采样复数据值；M^2 是平均采样点数。将式(2.23)、式(2.28)带入式(2.27)，可得

$$\sigma^0 = \frac{\overline{n_d}^2 - \overline{P_n}}{K(R)} \tag{2.29}$$

为了评估 σ^0 对 $K(R)$ 和 $\overline{P_n}$ 误差的敏感性，对式(2.29)两边取偏微分，则对于给定 $K(R)$ 的误差，σ^0 估计的误差为

$$S_{\sigma^0} = \frac{|\overline{P_n} - \overline{n_d}^2|}{K^2(R)} S_K \tag{2.30}$$

将式(2.29)带入式(2.30)得

$$S_{\sigma^0} = \sigma^0 \frac{S_K}{K(R)} \tag{2.31}$$

对于给定 $\overline{P_n}$ 的误差，σ^0 估计的误差为

$$S_{\sigma^0} = \frac{S_{P_n}}{K(R)} \tag{2.32}$$

式中，S_{σ^0}、S_K、S_{P_n} 分别为 σ^0、$K(R)$ 和 $\overline{P_n}$ 估计值的标准偏差。

假定 $K(R)$ 和 $\overline{P_n}$ 的估计误差是不相关的、高斯分布的变量，由式(2.31)、式(2.32)可得，由校正因子 $K(R)$ 和噪声功率 $\overline{P_n}$ 误差引起的 σ^0 估计误差为

$$\left(\frac{S_{\sigma^0}}{\sigma^0} \right)^2 = \left(\frac{S_K}{K(R)} \right)^2 + \left(\frac{S_{P_n}}{\sigma^0 K(R)} \right)^2 \tag{2.33}$$

式中，$K(R)$ 由式(2.29)表示。在 p_t、λ、τ_p、G_r、$G(\varphi)$、θ、R 等参数的估计误差不相关、呈高斯分布且方差很小时，$K(R)$ 变化率的估计误差由其组成因子的变化率决定。

$$\varepsilon_k^2 = \varepsilon_{P_t}^2 + \varepsilon_\lambda^2 + \varepsilon_{\tau_p}^2 + \varepsilon_{G_r}^2 + \varepsilon_{G(\varphi)}^2 + \varepsilon_\theta^2 + \varepsilon_R^2 \tag{2.34}$$

式中，$\varepsilon_x = S_x / \bar{x}$，表示随机变量 x 的标准偏差和平均值的比值。由式(2.29)、式(2.33)、式(2.34)得 SAR 系统辐射定标的误差估计模型为

$$\varepsilon_{\sigma^0} = \sqrt{\varepsilon_{P_t}^2 + \varepsilon_\lambda^2 + \varepsilon_{\tau_p}^2 + \varepsilon_{G_r}^2 + \varepsilon_{G(\varphi)}^2 + \varepsilon_\theta^2 + \varepsilon_R^2 + \left(\frac{\varepsilon_{P_n} \overline{P_n}}{n_d^2 - \overline{P_n}}\right)^2} \tag{2.35}$$

5. S 波段 SAR 辐射定标公式

由式(2.23)、式(2.29)可以得出 S 波段 SAR 图像绝对定标的一般公式:

$$P_I = k(\sigma_0 + N)/\sin\theta \tag{2.36}$$

式中,P_I 为图像的强度值(像素值的平方);N 为像元噪声等效 β_0 值;β_0 为像元入射角;k 为定标常数,与传感器全系统增益 G_r、天线辐射方向图 $G(\varphi)$ 以及系统成像传递函数 H(将接收电平信号转化为像元数码值)等因子有关,是需要通过 SAR 系统外定标予以确认的待定常数。

例如,以 TerraSAR-X 卫星的绝对定标为例,其绝对定标公式为(DLR,2008)

$$\sigma_0 = k(\mathrm{DN}^2 - \mathrm{NEBZ})\sin\theta \tag{2.37}$$

即

$$\mathrm{DN}^2 = \frac{\sigma_0}{k\sin\theta} + \mathrm{NEBZ} \tag{2.38}$$

2.4.2　S 波段 SAR 天线方向图校正

1. SAR 天线方向图校正意义

SAR 图像天线方向图校正是 SAR 图像辐射校正的重要手段之一,其目的是补偿由于天线方向图的照射能量不均衡所引起的 SAR 图像距离方向上的像元后向散射强度畸变(Freeman,1992)。通常情况下,天线方向图造成的 SAR 图像辐射畸变表现为在距离方向上,在刈幅中心处的图像列像元亮度较强,而两侧亮度逐渐降低。

2. SAR 天线方向图测量及误差估计

SAR 天线方向图的测量方法主要有 3 种方式。

1) 标准反射器阵法

标准反射器阵法也称点目标法,是采用一组相同的、已知雷达截面积的标准反射器,设置在定标场中沿距离向的辐照带内,成像于不同的天线视角 θ 处,得到相应的图像响应。该响应扣除斜距 R 的影响,即可得到双程天线距离向方向图。

2) 分布目标法

分布目标法利用天然存在的且 σ^0 已知、稳定、均匀分布的地面目标,进行 SAR 天线方向图测量。这类目标中以南美热带雨林最为理想,其平均雷达后向散射系数变化在 0.2dB 以内(Sarabandi et al.,1995)。根据 ERS-1/2 的星载散射计测量结果,南美热带雨林的雷达后向散射系数在入射角在 18°~57°范围内,稳定为 −6.5±0.1dB,并且地形起伏的影响亦可忽略不计。根据一幅热带雨林图像确定天线距离向方向图的方法可表述为

$$(P_1 - P_n) \propto \frac{\sigma^{o2} G^2(\theta) \cos^4 \theta}{\sin^2 \theta} \tag{2.39}$$

3）标准接收机法

标准接收机法与标准反射器阵法类似，只是用地面设置的标准接收机替代标准反射器，接收并记录雷达在不同距离向发射的天线功率，标准接收机的接收功率 P_t 与雷达发射的功率和天线增益之间有如下关系：

$$P_t G_t(\theta) = 4\pi R^2 P_r / A_{\text{eff}} \tag{2.40}$$

式中，A_{eff} 为地面标准接收机接收天线的有效接收面积。利用这种雷达接收机在距离向和方位向上不同的相应记录，即可得到雷达天线在距离向和方位向的方向图和增益。

天线方向图的测量误差估计方法为

$$s_P = \sqrt{\frac{s_{\text{CR}}^2 + s_{\text{BR}}^2 + s_{\text{M}}^2}{M}} \tag{2.41}$$

式中，M 是天线方向图测量中定标器的数量；s_{CR}、s_{BR}、s_{M} 分别是定标器雷达截面积、背景雷达后向散射系数以及图像测量误差的标准偏差。

3. SAR 天线方向图校正方法

在地物为理想的均匀目标的情况下（例如亚马孙热带雨林），由于天线方向图造成的 SAR 图像距离向辐射畸变示意图如图 2.23 所示（郭华东等，2000）。

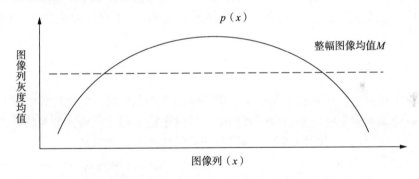

图 2.23　天线俯仰方向增益差异引起的 SAR 图像距离向辐射畸变示意图

在图 2.23 中，设图像列的灰度均值曲线为 $P(X)$，整幅图像的灰度均值为 M，则各列的灰度均值调整系数为

$$\Delta(X) = M - P(X) \tag{2.42}$$

设 $D_0(X)$ 是未作天线方向图校正图像上某列 X 上的像元灰度均值；$D(X)$ 是经天线方向图校正后的 X 列灰度均值，则采用加性函数模型的校正结果为

$$D(X) = D_0(X) + \Delta(X) \tag{2.43}$$

采用乘性函数模型的校正结果为

$$D(X) = [D_0(X) - \min] / [\Delta(X) - \min] \cdot M \tag{2.44}$$

其中 min 为整幅图像的最小列灰度均值。

2.4.3　S 波段 SAR 辐射定标技术

1. 在轨定标方案设计

任何星载 SAR 系统都既需要外定标来估计系统端到端的性能（包括绝对增益），又需要内定标监视外定标测量之间系统性能的相对漂移。外定标通常使用两种类型的定标目标：①已知雷达截面积（RCS）的点目标或镜面散射体；②已知散射特性（σ°）且相对稳定的大面积均匀分布目标。

1）点目标定标

点目标通常是一种人造设备，如角反射器、转发器、音频信号发生器和接收机等。这些定标器的几何面积远小于 SAR 图像的分辨单元，但它们的雷达截面积远大于分辨单元内定标器周围背景区域的总散射功率。为减小来自背景区域的定标误差，点目标 RCS 应至少比 SAR 图像分辨单元总散射功率高 20dB。除了背景的影响，在布设定标器时还需考虑另外几何误差因素。由于定标器雷达截面积的方向性很强，所以必须精确测量这些定标器相对于雷达的指向角（例如不稳定度小于 1.0°）。另外还要考虑多路径效应的影响，当发射信号或来自周围区域和附近建筑物的散射信号与定标器反射信号同时被 SAR 天线接收时，即发生多径传播误差。最后一点，定标器的 RCS 应该是在一个可控制的环境中（例如在微波暗室）、一定的温度和指向角范围内测量得到的。无源定标器（例如角反射器）对其边沿的失真极为敏感，构造误差、温度循环造成的扭曲等都会使定标器的 RCS 与其理论值产生明显的相对变化。

2）分布目标定标

分布目标定标是指使用具有均匀后向散射特性的大面积自然目标进行外定标工作。分布目标定标的一个基本假定是分布目标于其的散射特性是稳定的，或者其散射特性的变化已精确已知，这使得与目标散射特性相关的图像特征能与传感器性能分离开来。

利用分布目标定标的一个重要优点是可以在系统动态范围内的不同点上测量雷达的性能，而在前述的点目标定标中，总是要求点目标的雷达截面积高于周围背景的，以此减小背景估计误差。因此，点目标只能测量系统线性动态范围内高端的系统性能。分布目标定标展现了很大范围的后向散射系数，可以在系统线性动态范围内的许多点上估计系统性能。分布目标定标的另一个重要优点是它能够直接测量距离压缩后原始数字回波视频信号的接收信号功率在垂直航迹方向上的变化。

3）优缺点比较

通过以上的分析可知，为利用类似式（2.38）实现对 HJ-1C S 波段 SAR 图像的绝对定标，需确定定标常数 K 值。为此，通常有以下三种方案可供选择：

选取亚马孙热带雨林为实验的天然定标场；

选取野外微波定标场，利用有源发射器（transponder）进行有源绝对定标；

选取野外微波定标场，利用无源角反射器进行无源绝对定标。

表 2.22 列出了以上三种方案的优缺点对比情况。

表 2.22　SAR 图像绝对定标方案比较

优缺点	热带雨林(分布式目标法)	有源发射器(点目标法)	角反射器(点目标法)
优点	实验成本低、复杂度小	定标精度高；可变雷达截面积；可以异地成像，仪器布防位置选择余地大	实验成本适中；定标精度较高
缺点	绝对定标的精度较低(受限于特定频段上的热带雨林雷达后向散射系数测量值精度)	实验成本较高；对定标场地条件要求较高	角度响应范围窄，对仪器摆放的指向角精度要求较高；对定标场地条件要求较高

2. 定标场选取

对于点目标定标法，要求定标器(被动或主动)的信号强度远大于背景信号强度，因此需要将反射器布设在一个大面积、均匀、具有较低后向散射的背景区域，这样一方面可以增大定标信号的信噪比；一方面可以降低由于背景目标后向散射测量值跳跃所引入的测量误差。

对于分布目标定标法，由于亚马孙热带雨林是世界上最均匀、最稳定的标准雷达目标，其最大偏差约为 0.2dB，且其后向散射系数不随入射角变化而变化，因而是理想的均匀分布目标，可以作为 HJ-1C S 波段 SAR 系统辐射定标的测试场地。

3. S 波段 SAR 辐射定标技术流程

本书采取的辐射定标技术流程如图 2.24 所示。

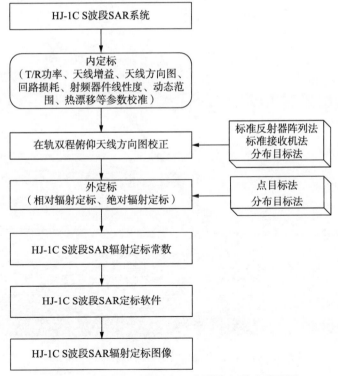

图 2.24　HJ-1C S 波段 SAR 辐射定标技术流程图

4. S 波段微波散射计野外定标实验(图 2.25，图 2.26)

图 2.25　S 波段微波散射计野外定标实验(金属球 RCS 测定法)

图 2.26　S 波段典型地物雷达后向散射系数测量试验

2.4.4　S 波段 SAR 辐射定标误差及不确定性因素分析

根据 S 波段 SAR 辐射定标误差传递模型，引起 S 波段 SAR 辐射定标误差的主要因素包括发射功率误差，入射波波长色散引起的误差，脉冲宽度测量误差，天线增益、天线方向图测量误差，入射波指向误差，系统噪声电平测量误差等。

为评估本实验所开发的 SAR 辐射定标软件的短期相对辐射定标精度，选取了一景 2008 年 1 月 31 日北京地区 TerraSAR-X SAR 定标图像，如彩图 23 所示。

选取两个相邻的地面点目标（彩图 23）（图中红色方框内红、绿图斑，各 9 像元）作为该景 SAR 图像短期相对辐射定标精度评估对象，评估结果如表 2.23 所示。可见，此二相邻像元（组）的雷达后向散射系数均值差约为 0.4dB，满足了短期相对辐射定标精度优于 1dB 的要求。

表 2.23　相邻像元辐射定标（短期相对辐射定标）精度评价结果

编号	最大值/dB	最小值/dB	平均值/dB	标准偏差/dB
1	7.8996	3.6663	5.8607	1.4895
2	7.4941	3.0431	5.4551	1.3552

为评估开发的 SAR 辐射定标软件的长期相对辐射定标精度，选取了 2007 年 8 月 19 日和 2008 年 1 月 31 日北京奥林匹克中心区 TerraSAR-X SAR 定标图像各一景（见彩图 24、彩图 25）。

在彩图 24、彩图 25 中，选取了水立方局部区域（彩图 24、彩图 25 中红色图斑）作为长期相对辐射定标精度评估对象，评估结果如表 2.24 所示。可见，在相隔近半年的两景不同时相的 SAR 图像中，由于存在 SAR 图像斑点噪声，同名像元（组）雷达后向散射系数标准偏差偏大，分别为 4.3822dB 和 5.7595dB，但同名像元（组）雷达后向散射系数均值差为 1.3773dB，满足了长期相对辐射定标精度优于 2dB 的要求。

表 2.24　（长期）相对辐射定标精度评价结果

编号	最大值/dB	最小值/dB	平均值/dB	标准偏差/dB
2007-08-19(3 m)	14.7351	−15.4858	0.7864	4.3822
2008-01-31(1 m)	31.1001	−26.3318	1.7486	5.7595

2.4.5　基于替代数据源的 S 波段 SAR 辐射定标软件系统

1. 设计目标

解决环境一号卫星 S 波段 SAR 传感器的辐射定标技术，提高微波遥感器的定标精度，保障卫星遥感器数据的可信度和实用性，提高环境一号卫星 S 波段 SAR 数据用于生态环境监测的准确性和定量化水平。以 TerrSAR-X 卫星图像为替代数据源，开发一套 SAR 图像绝对定标软件系统。

2. 功能设计

该系统主要实现 TerrSAR-X 1 级产品绝对定标,包括 MGD、GEC 与 EEC 数据绝对定标三大模块。

MGD 数据绝对定标模块主要实现精确地距数据产品绝对定标。

GEC 数据绝对定标模块主要实现地球椭球编码数据产品绝对定标。

EEC 数据绝对定标模块主要实现正射之后的数据产品绝对定标。

3. 技术流程

Terrsar-X 定标子系统是对 TerrSAR-X 1 级产品进行绝对定标,为雷达遥感数据应用与分析提供数据,具体流程如图 2.27 所示。

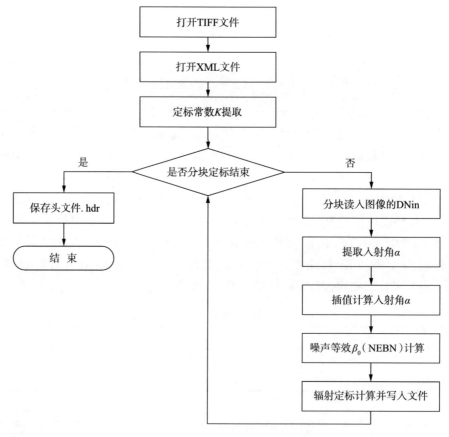

图 2.27　TerrSAR-X 定标子系统技术流程图

4. 接口设计

TerraSAR-X 定标子系统各个子模块之间是相互独立的,需要输入的参数分别为:影像数据文件、定标元数据文件、极化类型、保存结果类型、输出文件名、是否保存入射角标志。

5. 算法设计

1）算法描述

实现精确地距数据产品绝对定标。具体定标公式如式（2.45）

$$\sigma_0 = k_s \times (DN^2 - NEBN) \times \sin\theta_i \qquad (2.45)$$

式中，σ_0 是分布目标雷达后向散射系数；k_s 是定标常数；DN 是像元的灰度值；NEBN 是噪声等效 β_0；θ_i 是像元的入射角。

2）算法流程（图 2.28）

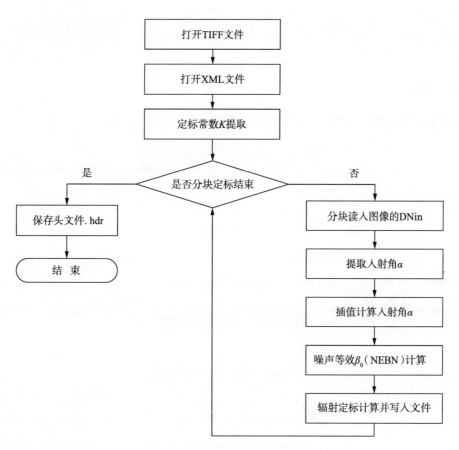

图 2.28 MGD 产品绝对定标流程图

3）数据格式

软件的数据流形式如表 2.25 所示。

表 2.25　软件模块数据 IO 格式表

输入输出	序号	数据名称	传输方式	数据格式	数据来源	备注
输入	1	TerraSAR-X1 级数据	二进制	tif	上游产品	
	2	定标元数据文件	ASCII	xml	上游产品	
	3	极化类型		字符串		HH、HV、VH、VV
	4	保存结果类型		字符串		DB、Linear
	5	输出文件名		字符串		
	6	保存入射角标志		字符		0、1
输出	1	绝对定标结果文件	二进制	img	输出产品	
	2	入射角文件	二进制	img	输出产品	可选

6. 操作流程

（1）打开应用程序，如图 2.29 所示

图 2.29　应用程序界面

（2）点击 Open TIFF，打开要处理的 TIFF 图像文件，有 4 种极化选择，如图 2.30 所示，然后弹出"打开文件"对话框，选择要打开的文件。

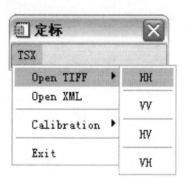

图 2.30　打开 TIFF 图像文件界面

（3）点击 Open XML，打开与 TIFF 图像文件相对应的 XML 文件，注意要对应，否则可能会出现元数据查询不全或有误，如图 2.31 所示。

图 2.31　打开 XML 文件

（4）点击 Calibration，选择对应的产品进行定标，如图 2.32 所示，可以对（MGD，GEC，EEC）产品定标。开始处理，如果前面没有打开 TIFF 图像文件或元数据 XML 文件，会提示选择文件后再定标处理。

图 2.32　定标界面

（5）如果 TIFF 图像文件与元数据 XML 文件均打开，则会提示选择保存文件，默认的文件名为 Dnout＿＋原 TIFF 图像文件名，如图 2.33 所示。然后进行处理，如果正确处理，结束提示操作成功。

图 2.33　保存界面

（6）退出。

2.5　传感器 MTF 校正

所有的摄影系统，在进行影像获取时都会有产生亮度的模糊现象，对产生模糊的精确描述表示为调制解调函数（MTF）。MTF 是影像系统的整个图像质量的特性之一，它常用来评价传感器性能。发射前，传感器的 MTF 可以在实验室精确测量，但由于发射过程中的振动及从空气中进入真空中的变化会使传感器重新聚焦，另外又受大气 MTF 的影响，也会使它的 MTF 发生衰减，在轨 MTF 监测与评价也是传感器辐射特性定量化的一个重要部分。

2.5.1　曹妃甸在轨 MTF 测量实验

目前，卫星传感器的在轨 MTF 测量主要是基于图像上的线性或边缘地物。线性或边缘地物可以是人工铺设，也可以利用自然地物，如水面上的桥、道路等。曹妃甸实验的目的是获取线性地物的宽度以及地物光谱特性，对 HJ-1 卫星的 CCD 相机进行在轨 MTF 测量。

曹妃甸港口具有天然的线性地物，其背景是水体，适合于遥感数据的在轨 MTF 测量。本次实验的目的即针对环境卫星 CCD 相机，通过线性地物实地考察和大气气溶胶光学厚度同步测量，实现 CCD 相机在轨 MTF 测量。实验组于 2009 年 6 月在河北曹妃甸为实验区开展野外实验。此次实验有以下两项内容：

（1）选择曹妃甸地区的线性地物，进行线性地物宽度和光谱反射率测量。

（2）气溶胶光学厚度测量，利用 CE318 得到卫星过境当天的气溶胶光学厚度。

2009 年 6 月 3 日至 6 月 7 日，实验组在河北曹妃甸进行气溶胶光学厚度测量。测量仪器为 CE318，采用手动测量模式，测量时间间隔为 2 分钟。在测量期间，对当地的大气压强及经纬度进行测量(不同日期的测量位置见彩图 26)。

线性地物的宽度在进行在轨 MTF 测量中影响到对测量方法的选择，正确测量方法的选择影响到最终的在轨测量 MTF 曲线。此次实验的目标之一是对用于在轨 MTF 测量的线性地物测量宽度，用于图像的在轨 MTF 测量。此次实验所测的各种线性地物信息如图 2.34～图 2.37、表 2.26～表 2.29 所示。

表 2.26　土路中段宽度测量结果

地物名称	土路中段
经纬度	北纬 39°00′53″，东经 118°22′24″
线性地物宽度	101 m
具体描述	南北方向土路中段

图 2.34　6 月 3 日土路中段宽度测量

表 2.27　西侧土路宽度测量结果

地物名称	西侧土路
经纬度	北纬 39°00′20.0″，东经 118°25′06.8″
线性地物宽度	113 m
具体描述	从西海岸到东海岸分为干土、湿土、土路三种地表类型

图 2.35　6 月 5 日西侧土路宽度测量

表 2.28　东侧土路宽度测量结果

地物名称	东侧土路
经纬度	北纬 39°00′26.8″，东经 118°27′18.7″
线性地物宽度	115 m
具体描述	从西海岸到东海岸分为干土、湿土、土路三种地表类型

图 2.36　6 月 5 日东侧土路宽度测量

表 2.29　东北向海堤宽度测量结果

地物名称	东北向海堤
经纬度	北纬 38°57′05.4″，东经 118°33′43.9″
线性地物宽度	45 m
具体描述	从土路上通过丁字路口左转上海堤约 10 m 处的场地信息

图 2.37　6 月 5 日东北向海堤宽度测量

2.5.2　HJ-1 卫星 CCD 相机在轨 MTF 测量方法

目前，按测量目标分，常用的 MTF 在轨测量方法主要有：高分辨率图像法、点源法、边缘地物法和线性地物测量法。不同在轨 MTF 估算方法对 CCD 的适用性不一样，需要根据 HJ-1 卫星 CCD 相机的不同特性来确定在轨 MTF 测量方法。技术路线流程如图 2.38。

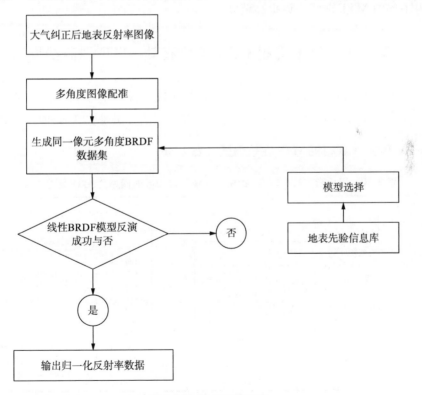

图 2.38　技术路线流程

根据 HJ-1 卫星 CCD 特性确定最优的测量方法，并针对 HJ-1 卫星光学传感器的特性，构建在不同频率进行调节的函数来抑制 MTF 补偿过程中带来的噪声。利用 Google Earth 在全国以及周边范围查找适合用于在轨 MTF 测量的线状地物（机场、桥梁等）、边缘地物，并测量出线状地物的宽度。图 2.39 是在 Google Earth 上查找到的线状地物的几个例子：它们分别是曹妃甸港口、海面养殖池的线状边缘、日照岚山港。

图 2.39　线状地物图例

　　根据在 Google Earth 的查找结果，从资源卫星中心订了包含线性地物与边的卫星图像。有些图像，在一景图像中会有多处线性地物或边缘地物。我们从图像中选取多个线性地物或边缘地物的子图像。根据子图像是边缘地物还是线状地物采用边缘地物测量或线状地物测量法，而线状地物进一步根据其宽度选择不同算法。1 个像元（20 m）左右的采用脉冲法、1～3个像元的采用脉冲输入法、3 个像元以上的采用双边缘地物法。利用不同方法不同地物的测量结果获得平均的 MTF 曲线，以提高精度。

2.5.3　HJ-1 卫星 CCD 相机在轨 MTF 测量结果

　　不同方法得到的 MTF 差别非常大，现分别介绍 HJ-1A 卫星和 HJ-1B 卫星 CCD 相机的跨轨（x 方向）及沿轨（y 方向）MTF 曲线，测量主要采用的方法是线性脉冲法和双边缘法。

1. HJ-1A 卫星 CCD 相机 MTF 在轨测量（表 2.30）

表 2.30　岚山港 HJ1A-CCD1 相机第 3 波段岚山港时间序列 MTF 测量结果

时间（年-月-日）	跨轨 MTF	沿轨 MTF
2008-11-08	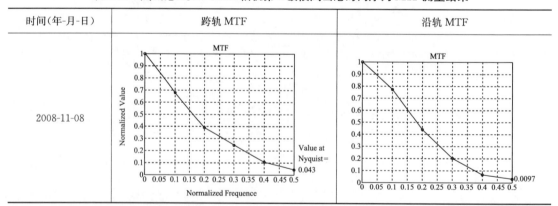	

时间（年-月-日）	跨轨 MTF	沿轨 MTF
2008-12-25		
2009-01-25		
2009-03-20		
2009-04-16		

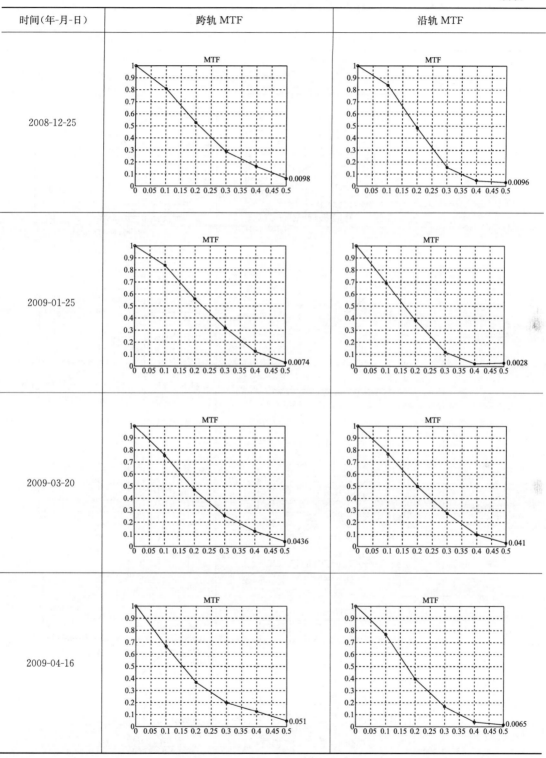

2. HJ-1B 卫星 CCD 相机 MTF 在轨测量（表 2.31）

表 2.31 曹妃甸/天津 HJ-1B-CCD2 相机第 3 波段曹妃甸时间序列 MTF 测量结果

时间(年-月-日)	跨轨 MTF	沿轨 MTF
2008-11-02		
2008-12-15		
2009-03-18		
2009-04-10		

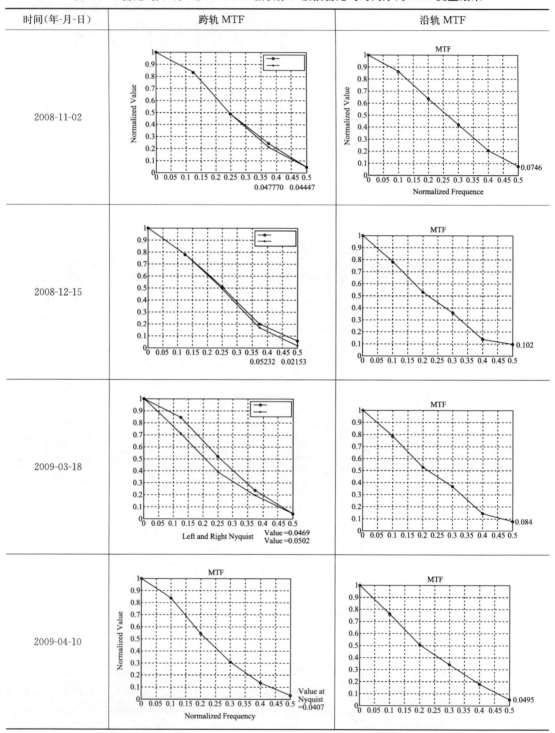

续表

时间(年-月-日)	跨轨 MTF	沿轨 MTF
2009-05-23	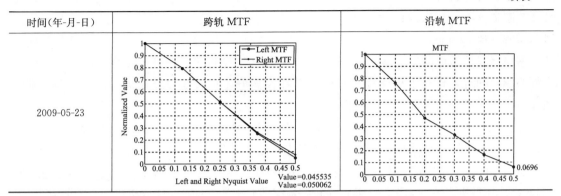	

从表 2.26 和表 2.27 可以看出，MTF 值经过归一化，在 0 频率的 MTF 值都为 1，随着频率的增加 MTF 值迅速下降。传感器 MTF 的降低必然引起其图像的模糊，这进一步说明在轨 MTF 评价与 MTF 补偿研究的重要性。

2.5.4　HJ-1B 卫星 CCD 相机 MTF 补偿算法

1. 国内外研究现状及存在问题

MTF 补偿可以在空间域完成，直接把 PSF 的逆矩阵作用于图像。由于直接求 PSF 逆矩阵的方法常常会使噪声信号增强，Forster 和 Best(1994)在利用这种方法恢复 SPOT P-mode 图像时进行了修改，即在 PSF 矩阵的逆矩阵各行和各列填 0，并将原始图像内插成分辨率提高一倍的图像再进行图像恢复。

另一种方法是在频率域定义逆矩阵算子，恢复算法基于 MTF 补偿。目前，MTF 补偿模型有多种模式，如迭代法、维纳滤波模式法、逆滤波器模式法及修正逆滤波器模式(MIF)。Patra 等(2002)利用迭代法对高分辨率图像在空间域进行图像复原。顾行发等(2005)与李小英(2006)基于 Patra 方法并将其修改成可用于频率域的操作，评价了这种方法对于 CBERS-02 卫星 CCD 图像的适用性。维纳滤波法在图像恢复中是一种很常用的算法，它可直接用于频率域。Fonseca 等(1993)在进行 Landsat TM 图像恢复中，曾用过维纳滤波法。刘正军等(2004)利用测得的点扩散函数结合频域维纳滤波器求解去图像模糊的空域反卷积算子，并将该方法应用于中巴地球资源卫星一号(CBERS 21)图像。王先华等(2006)在采用维纳滤波模型的基础上，引入控制条件来减小 MTF 补偿带来的噪声放大问题。Li 等(2009)在进行 CBERS-02 卫星 WFI 在轨 MTF 测量基础上，利用维纳滤波模式对 WFI 图像进行像元级辐射校正，获得了较清晰的图像。李盛阳与朱重光(2005)逆滤波器模型对 DMC 图像进行 MTF 补偿，直接用图像每行的频率数据除以 MTF 完成去卷积过程，并将该方法用于 IKONS 的图像 MTF 补偿。陈强等(2006)也采用逆滤波器模型 CBERS CCD 图像进行 MTF 补偿，为了抑制噪声，在 MTF 补偿之前进行频率域去噪。修正反转滤波器模型(MIF)是 Fonseca 等于 1993 年提出的方法，他在进行 Landsat TM 图像恢复过程中，对一般的反转滤波器模型进行修正，并着力于解决将图像恢复与内插相结合，通过恢复过程与重采样过程相结合生成视觉效果很好内插图像。该 MTF 补偿模型尽量接近于直接反转滤波，同时又控制了这种方法带来的噪声放大缺点。MIF 模型也成功地用于后续的 ETM＋图像的 MTF 补偿(Boggione et al.，2003)。顾行发等(2005)与李小英(2006)基于迭代模型、维纳滤波模型与修正反转滤波器模型对 CBERS-02 卫星 CCD 图像进行 MTF 补偿并进行初步的真实性检验，研究发现对于 CBERS-02 卫星 CCD 图像修正反转滤波器模型比迭代模型与维纳滤波模型噪声抑制效果相对较好，但还是会增强图像上原来的一些噪声，特别是均匀地区条带现象加强，另外部分边缘地区有少数的振铃现象。Ryan 等(2003)在分析 IKONS 的 MTF 补偿对各种应用的影响时也指出 MTF 补偿后会使 IKONS 图像的噪声放大 2～4 倍。同时，这些模型应用中缺少考虑传感器的成像原理，结果也很少从物理意义上进行验证。如何建立一种 MTF 补偿模型更好地抑制噪声，而且能较好地保留原来的物理意义需要更进一步的研究。

2. 已有补偿模型的应用比较

目前，MTF 补偿有多种模式。实验分别采用直接逆滤波器法、维纳滤波模式法及修正逆滤波器法(MIF)对 CCD 进行图像恢复并比较它们的效果。直接逆滤波器算子为

$$M(u,v) = \frac{1}{\text{MTF}(u,v)} \tag{2.46}$$

式中，$M(u,v)$ 为直接逆滤波器算子；$\text{MTF}(u,v)$ 为二维 MTF 矩阵。

维纳滤波法在图像恢复中是一种很常用的算法(Fonseca et al.，1993；刘正军等，2004)，它可直接用于频率域。频率域的维纳滤波器算子如式 (2.46) 所示：

$$P(u,v) = \frac{1}{\text{MTF}(u,v)} \times \left[\frac{\text{MTF}(u,v)^2}{\text{MTF}(u,v)^2 + k_w}\right] \tag{2.47}$$

$$R(u,v) = I(u,v) \times P(u,v) \tag{2.48}$$

式中，$P(u,v)$ 是维纳滤波器；k_w 与图像的信噪比有关，为信噪比的倒数。一般可以用一个先验的常数来代替；$R(u,v)$ 为恢复图像的频谱；$I(u,v)$ 是原始图像的频谱；$\text{MTF}(u,v)$ 为二维 MTF 矩阵。利用式(2.49)来计算 CCD 图像的信噪比：

$$\text{CCD}_{\text{SNR}} = -\ln \frac{\sum_{i=1}^{m}\sum_{j=1}^{n}(x_{ij} - y_{ij})^2}{\sum_{i=1}^{m}\sum_{j=1}^{n}(x_{ij})^2} \tag{2.49}$$

式中，CCD_{SNR} 为 CCD 相机图像信噪比；x 与 y 分别是 CCD 相机的原始图像与恢复的图像，计算时 y 图像利用迭代法及修正反转滤波器方法得到的补偿图像来替代。计算多对 CCD 图像的信噪比并取它们的均值，约 50dB。因此，取 $k_w = 0.02$ 代入式(2.47)。

修正反转滤波器法(MIF)是 Fonseca 提出的方法，已成功的用于 TM 及 ETM＋的图像 MTF 补偿(Fonseca et al.，1993；Boggione et al.，2003)。该方法尽量接近于直接反转滤波，同时又控制了这种方法带来的噪声放大缺点。它要设计一个函数 $D(u,v)$，使得

$$\text{IF}(u,v) = \frac{D(u,v)}{\text{MTF}(u,v)} \tag{2.50}$$

$$D(u) = \begin{cases} 1 & 0 \leqslant u \leqslant u_w \\ 0.5(1 + \cos[\pi(u - u_w)/(u_c - u_w)]) & u_w \leqslant u \leqslant u_c \end{cases} \tag{2.51}$$

$$R(u,v) = I(u,v) \times \mathrm{IF}(u,v) \tag{2.52}$$

u_c 是 Nyquist 频率 0.5；u_w 是 MTF 为 0.5 时的频率。$D(v)$ 的计算式和 $D(u)$ 类似，而 $D(u,v) = D(v) \times D(u)$。$\mathrm{IF}(u,v)$ 是修正后的反转滤波算子。$R(u,v)$ 为恢复图像的频谱。

3. HJ-1 卫星 CCD 相机 MTF 补偿模型建立与评价

本实验将 2008 年 11 月 8 日和 2009 年 3 月 20 日 CCD 相机的跨轨和沿轨 MTF 进行平均，获得平均的 CCD 相机跨轨和沿轨 MTF（图 2.40），基于 CCD 相机的 MTF 特征建立 MTFC 算子。

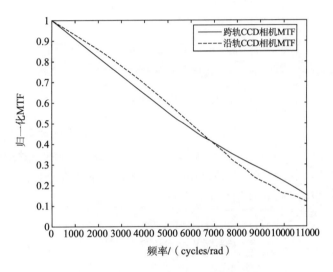

图 2.40　CCD 相机跨轨与沿轨 MTF

为了得到 HJ-1 卫星 CCD 相机图像在细部锐化与噪声达到最佳效果的补偿图像，就要考虑补偿算子在不同频率处的补偿力度。对三种已有补偿方法的补偿算子进行比较，为了能更清楚看出不同补偿算子在不同频率处的表现，我们只比较一维的情况，三种补偿算子如图 2.41 所示。实线为直接逆滤波器算子，随着频率的增加，基本上以指数形式上升，0 频处为 1，即不作补偿，中频处放大倍数 2~4.5 倍，到截止频率处，对高频能量的放大达到 7 倍。短虚线为改进逆滤波器补偿算子，0 频处 0.99 左右，中频放大倍数为 1.5~2 倍，高频处小于 1 反而起抑制作用，在截止频率处约为 0.55。点虚线为维纳滤波器补偿算子，0 频处为 0.9，这会使得整个图像的均值变小，低频处补偿很小，中频放大的倍数为 1.3~1.5 倍，高频处也有放大，在截止频率处约为 1.2，因此也会存在高频噪声放大的问题。

综合上面的比较分析，本实验在修改逆滤波器算法的基础上，针对环境卫星传感器特征进行改进。由于环境测量得到的传感器 MTF 值在中低频处随频率的增加下降比较快，MTF 值为 0.5 时对应的归一化频率为 0.255，当采用修改逆滤波器时，会使得补偿算子在中频处补偿力度小，而且过于抑制高频处的信息，在抑制噪声的同时细部信息也会部分损失。

另一方面，在构建二维 $D(u,v)$ 时，采用的是跨轨 $D(u)$ 直接乘以沿轨的 $D(v)$。这也使得 45° 方向的 $D(u,v)$ 会下降过快。因此在构建二维的 $D(u,v)$ 时，实验对二维构建方面进行改进，用插值的模式得到二维的 $D(u,v)$，如彩图 27 所示。

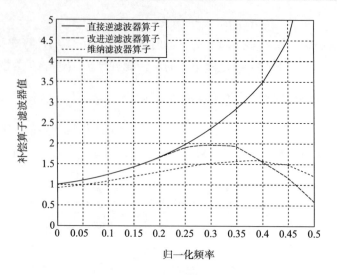

图 2.41　三种补偿算子比较图

修改二维 $D(u,v)$ 后，逆滤波器补偿算法的补偿图像在各方向相同频率处的补偿力度比较一致。针对 HJ-1 卫星 CCD 相机 MTF 特征，对 MIF 逆滤波器进一步改善，将 u_w 取值改为 0.3，构建跨轨 $D(u)$ 和沿轨的 $D(v)$。为了对 0 频处不作补偿，对补偿算子在 0 频处的值归一化为 1，构建相应的 MTF 补偿算子，如图 2.42 所示。

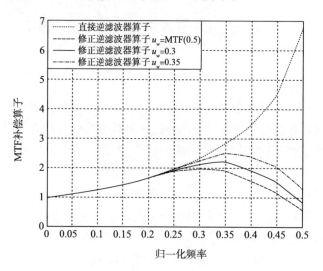

图 2.42　MTF 补偿算子

当 u_w =0.3 时，截止频率处补偿算子约 1.3，放大了最高频信息，而最高频处往往噪声信息多。因此我们将补偿算子截止频率处人为的取为 1，即对 0.5 频率处不作补偿。

综上所述，改进后的 HJ-1 卫星 CCD 相机 MTF 补偿算法为

$$\text{HJ\_IF}(u,v) = \frac{\text{HJ\_D}(u,v)}{\text{MTF}(u,v)} \tag{2.53}$$

$$\text{HJ\_D}(u) = \begin{cases} 1 & 0 \leqslant u \leqslant u_w \\ 0.5(1+\cos[\pi(u-u_w)/(u_c-u_w)]) & u_w \leqslant u \leqslant u_c \end{cases} \tag{2.54}$$

$$R(u,v) = I(u,v) \times (\mathrm{HJ\_IF}(u,v)/\mathrm{HJ\_IF}(u,v)(1)) \tag{2.55}$$

u_w 取 0.3，$\mathrm{HJ\_IF}(u,v)/\mathrm{HJ\_IF}(u,v)(1)$ 即将 0 频处的补偿算子归为一，不作补偿；且强制取 $\mathrm{HJ\_IF}(0.5)=1$，即对截止频率处也不作补偿以有效地抑制噪声。

2.5.5　MTFC 结果

基于 HJ-1A 卫星 CCD1 相机在轨获取的跨轨与沿轨 MTF，利用前 4 节中 4 种 MTF 补偿模型对 2009 年 4 月 13 日 HJ-1A 卫星 CCD1 相机过北京的图像图 2.43(a)进行 MTF 补偿。三种方法的补偿结果如图 2.43 中(b)(c)(d)所示。

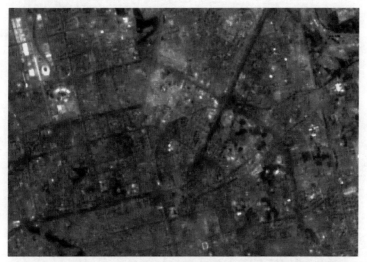

(a)2009 年 4 月 13 日 HJ-1A 卫星 CCD1 相机北京原始图像

(b)直接逆滤波器法补偿图像

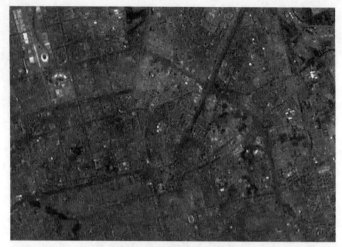

(c)改进逆滤波器法 MTF 补偿图像

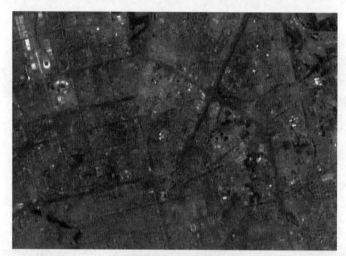

(d)维纳滤波法 MTF 补偿图像

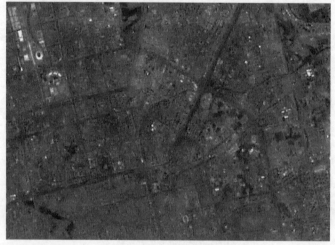

(e)改进后 HJ-1 卫星补偿算法补偿效果

图 2.43　原始图像与补偿图像

所有恢复图像的细部信息都比原图明显，说明基于 MTF 补偿的方法是有效的。比较图中不同 MTF 补偿法得到的恢复图像，迭代法得到的恢复图像噪声特别突出。改进逆滤波器法和维纳滤波法得到的恢复图像细部纹理比原始图像得到较大改善，明暗地物的界线非常清晰。仔细比较改进逆滤波器法和维纳滤波法得到的恢复图像，改进逆滤波器法和 HJ-1 星 MTFC 算子补偿的图像总体感觉比较平滑，噪声小[图 2.43(e)]；而维纳滤波法得到的图像虽然细部显得更加清晰，噪声水平也是相对较高的。从视觉效果看比较难区分改进逆滤波器法和 HJ-1 星 MTFC 算子补偿的图像效果，我们从图像均值与标准差来比较。

我们对原始图像和各种补偿图像进行均值与标准差分析。原始图像的均值和标准差分别为 33.276323 和 4.006778。所有的补偿图像标准差都大于原标准差，说明补偿图像得到了锐化。由于维纳滤波法算子在 0 频处为 0.9，使得补偿图像均值偏低。改进后 HJ-1 卫星补偿算法得到的补偿图像均值基本上与原始图像一致，而标准差有所提高。虽然标准差值越大可以部分反映对比度越高，然而标准差越大，噪声的放大倍数就越大。表 2.32 表明，直接逆滤波器法补偿图像噪声放大倍数最大，在 1.5 倍以上；改进后 HJ-1 卫星补偿算法，补偿图像的噪声放大倍数约为 1.26 倍。

表 2.32　原始图与各种补偿算法补偿图的均值与标准差

图像	均值	标准差	噪声放大倍数
原始图像	33.276323	4.006778	
直接逆滤波补偿图像	33.275800	6.153362	1.5357
修正逆滤波补偿图像	33.259320	5.044608	1.2590
维纳滤波补偿图像	30.251362	4.179502	1.0431
改进后 HJ-1 卫星补偿算法	33.276337	5.041185	1.2582

2.5.6　MTFC 算法评价

本实验针对 HJ-1 卫星 CCD 相机基于修正逆滤波器方法进一步改进，取 $U_w = 0.3$ 且截止频率不补偿为最终的 MTFC 算法。为了评价该算法，分别从以下几个方面进行评价。

1. DN 值剖线

选择 2009 年 4 月 13 日北京地区图像，分别从 MTFC-off 图像和 MTFC-on 图像中抽选某一行的 DN 值进行剖线比较，可以分析 MTFC 前后细部信息增加情况。彩图 28 显示了 2009 年 4 月 13 日北京地区图像 MTFC-off 和 MTFC-on 情况下第 200 行，前 200 列的 DN 值剖线。从图中可以看出 MTFC-on 的 DN 值剖线保留了 MTFC-off 的形状，但是曲线变化的幅度比 MTFC-off 大，说明图像 DN 值的对比度增大，细部信息明显了(彩图 28)。

2. MTFC 对图像 MTF 的提高状况

选择 2009 年 3 月 20 日岚山港的图像，比较 MTFC-off 和 MTFC-on 情况下图像的 MTF 情况，同样以第 3 波段为例。从图 2.44 和图 2.45 的比较中可以看到 MTFC-off 情况下，岚山港的图像测得的有效瞬时视场约为 58 m，而 MTFC-on 情况下有效瞬时视场提高到约为 49 m。另一方面，从 MTF 曲线比较中也可以看出 MTFC-on 情况下 MTF 值在各频率处得到了很大的提升。表 2.33 显示了在不同频率处 MTFC-on 时图像 MTF 的提升百分比，中频处提升的力度达到 100％以上，在 0.1 频率处提升了 26.6％，0.5 频率处提升了 34.9％，说明了 MTFC 算法对提高图像细部信息的有效性。

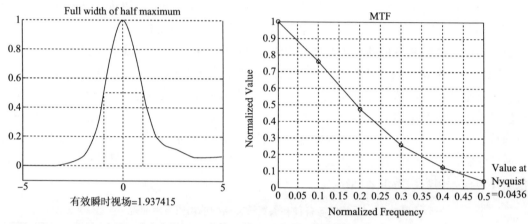

图 2.44　MTFC-off 情况下图像 MTF

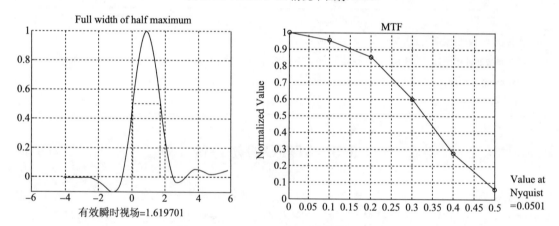

图 2.45　MTFC 对图像 MTF 提升比较表

表 2.33　MTFC 在 MTFC-off 和 MTFC-on 下的对比

项目	频率				
	0.1	0.2	0.3	0.4	0.5
MTFC-off	0.751	0.477	0.261	0.128	0.043
MTFC-on	0.951	0.853	0.6	0.275	0.058
MTFC 提高/％	26.6	78.8	129.9	114.8	34.9

2.6　光学传感器多源数据归一化

2.6.1　光谱归一化处理方法

不同卫星遥感仪器光谱响应有所不同，对同一种地物的观测值也不同。将光谱归一化定义为目标传感器与参考传感器在各自光谱响应下地物等效反射率的比值，即 $\frac{\rho_{1i}}{\rho_{2i}}$，式中，$\rho_{1i}$ 是目标传感器 i 通道对某种地物观测的等效反射率或亮温值；ρ_{2i} 是参考传感器 i 通道对某种地物观测的等效反射率或亮温值。

（1）要求进行归一化的两个传感器通道 i 同属于某一波段范围，如两者都是蓝波段，或是绿波段、红波段、近红外波段；如果是红外波段，两者的范围要接近。

（2）要求可见光部分所用的地物光谱是反射率，红外部分所用的地物光谱是亮温。

光谱归一化处理执行以下步骤：

（1）计算某地物光谱在目标传感器某通道响应下的等效反射率：

$$\rho_{1i} = \frac{\int_{\lambda_1}^{\lambda_2} S_{1i}(\lambda) \cdot \rho(\lambda) \mathrm{d}\lambda}{\int_{\lambda_1}^{\lambda_2} S_{1i}(\lambda) \mathrm{d}\lambda} \tag{2.56}$$

$S_{1i}(\lambda)$ 是传感器波段 i 的光谱响应函数，波段响应范围为 λ_1 和 λ_2，在这个范围之外的响应等于 0。

（2）计算某地物光谱在参考传感器某通道响应下的等效反射率：

$$\rho_{2i} = \frac{\int_{\lambda_1}^{\lambda_2} S_{2i}(\lambda) \cdot \rho(\lambda) \mathrm{d}\lambda}{\int_{\lambda_1}^{\lambda_2} S_{2i}(\lambda) \mathrm{d}\lambda} \tag{2.57}$$

$S_{2i}(\lambda)$ 是传感器波段 i 的光谱响应函数，波段响应范围为 λ_1 和 λ_2，在这个范围之外的响应等于 0。

（3）进行两个传感器光谱归一化处理：

$$f = \frac{\rho_{1i}}{\rho_{2i}} \tag{2.58}$$

f 即为目标传感器与参考传感器光谱响应函数的归一化因子。

以 CCD 为基准对其他传感器光谱响应进行归一化，完成了 TERRA MODIS、Landsat ETM＋、CBERS-02 CCD、CBERS-02B CCD 与 CBERS-02 WFI 各相应通道光谱响应归一化技术(彩图 29、彩图 30)。

2.6.2　BRDF 角度归一化处理方法

这里所述 BRDF 归一化处理标准是以核驱动模型进行 BRDF 归一化处理的步骤与规范。

BRDF 归一化中包含了时间归一化。

基于核驱动的半经验模型 AMBRALS（Algorithm for Model Bidirectional Reflectance Anisotropies of the Land Surface）是用于 MODIS 传感器的反照率和二向性反射率产品的算法。该模型用有一定物理意义的核的线性组合来拟合地表的二向性反射，用式（2.59）表示如下：

$$R(\theta_i, \theta_v, \varphi) = f_{iso} + f_{vol}k_{vol}(\theta_i, \theta_v, \phi) + f_{geo}k_{geo}(\theta_i, \theta_v, \phi) \qquad (2.59)$$

式中，R 为二向反射率，k_{vol} 为体散射核，k_{geo} 为几何光学核，都是光线入射角和观察角的函数。θ_i 为光线入射天顶角，θ_v 为观测天顶角，ϕ 为相对方位角。f_{iso}、f_{vol} 和 f_{geo} 则是待反演的核系数，分别表示各向均匀散射、体散射、几何光学散射这三部分所占比例（权重），AMBRALS 算法通过线性回归，反演出拟合数据最优的 f_{iso}、f_{vol} 和 f_{geo}。

本研究采用与 MODIS 反射率和反照率产品一致的核的组合 RossThick - LiTransit。根据核驱动模型反演的 f_{iso}、f_{vol} 和 f_{geo} 结果，按照指定的归一化后的太阳-观测几何，采用核驱动模型模拟对应观测几何下的反射率值，即完成了多角度反射率数据的辐射归一化处理。实验实施方案如图 2.46 所示。

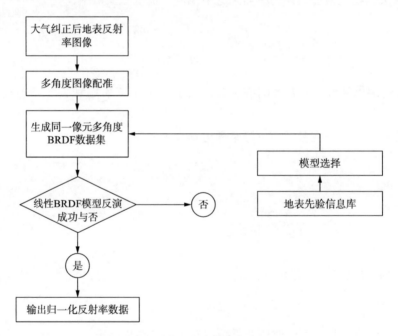

图 2.46　实验实施方案

利用 2001 年 5 月当中 9 天的数据提取不同的 9 个角度，采用几何核驱动模型按设计的归一化角度计算归一化图像。归一化角度为：$\theta_v = 0°$（观测天顶角），$\theta_s = 25°$（太阳天顶角），$\Delta\Phi = 0°$（相对方位角）（图 2.47）。

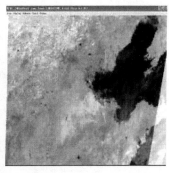

图 2.47　BRDF 校正结果

2.7　本 章 小 结

本章首先针对 HJ-1 卫星的 CCD 相机、高光谱成像仪与红外相机开展了辐射定标的研究，获得了 CCD 相机调增益前后的定标系数，经过验证与比较，说明定标系数精度达 94％左右；并采用无场地定标技术，获得了从 2008 年 10 月～2009 年 10 月的时间系列定标系数，分析了 CCD 辐射衰减情况；用交叉定标劈窗算法计算得到红外相机从 2008 年 10 月 5 日到 2009 年 10 月 9 日的时间系列定标系数；并获取了高光谱成像仪调增益前后的定标系数，经过验证与比较，说明定标系数精度较高。

其次，研究了 SAR 传感器的辐射定标，对雷达获取的目标后向散射特征进行定量分析。通过对雷达遥感数据的辐射定标，使得同一幅图像内部或在不同时相、不同雷达系统、不同频段或不同极化通道雷达遥感图像上的目标具有可比性。解决了环境一号卫星 S 波段 SAR 传感器的辐射定标技术，提高了微波遥感器的定标精度，保障卫星遥感器数据的可信度和实用性，从而提高了环境一号卫星 S 波段 SAR 数据用于生态环境监测的准确性和定量化水平。

另外，针对 HJ-1A/1B 卫星的 CCD1 和 CCD2 相机分别进行时间序列的在轨 MTF 测量，获得了 4 个相机的 MTF 测量结果，基于 CCD 相机的 MTF 特性，建立了 HJ-1 卫星的 MTF 补偿算法。HJ-1 卫星高光谱相机前 20 个波段残余条带明显，研究提出了针对高光谱的去条带方法，效果明显。最后研究从光谱归一化和 BRDF 归一化，探讨了多源数据归一化技术与方法。

参 考 文 献

陈强，戴奇燕，夏德深 . 2006. 基于 MTF 理论的遥感图像复原 . 中国图像图形学报，11(9)：1299－1305.

顾行发，田国良，李小文，等 . 2005. 遥感信息的定量化 . 中国科学（E 辑），35(增刊 1)：1－10.

郭华东等 . 2000. 雷达对地观测理论与应用 . 北京：科学出版社 .

李小英 . 2006. CBERS-02 卫星 CCD 相机与 WFI 成像仪在轨辐射定标与像元级辐射定标研究 .

李盛阳，朱重光 . 2005. DMC 卫星图像 MTF 分析及其复原方法研究 . 遥感学报，9(4)：475－479.

刘正军，王长耀，骆成凤 . 2004. CBERS-1 PSF 估计与图像复原 . 遥感学报，8(3)：234－238.

王先华，乔延利，洪津. 2006. 遥感图像恢复与遥感器 MTF 在轨检测技术. 遥感技术与应用，21(5):440—444.

Boggione G A, Fonseca L M G. 2003. Restoration of Landsat-7 Images. International Symposium on Remote Sensing of Environmental (ISRSE), Hawai, Nov.

DLR. 2008. TerrSAR-X Ground Segment Basic Product Specification Document. CAF Cluster Applied Remote Sensing: 13—18

Fonsecal M G, Prasad G S S D, Mascarenhas N D A. 1993. Combined interpolation —restoration of Landsat images through FIR filter design techniques. International Journal of Remote Sensing, 14(13):2547—2561.

Forster B C, Best P. 1994. Estimation of SPOT P-mode Point Spread Function and derivation of a deconvolution filter. ISPRS Journal for RS and GIS, 49(6):32—42.

Freeman A. 1992 . Sar Calibration: An Overview. IEEE Transactions on Geoscience and Remote Sensing, 30 (6): 1107—1121.

Lix Y, Gu X F, Yu T. 2009. In-flight MTF measurement and compensation for the CBERS-2 WFI. International journal of remote sensing, 30(4):829—839.

Li S Y, Zhu C G. 2005. DMC satellite image MTF analysis and restoration method research. Journal of Remote Sensing, 9(4):475—479.

Patra S K, Mishra N, Chandrakanth R, et al. 2002. Image Quality Improvement through MTF Compensation—A Treatment to High Resolution Data. Indian Cartographer:86—93.

Ryan R, Baldridge B, Schowengerdt R A. 2003. IKONOS Spatial Resolution and Image Interpretability Characterization, 88 (1-2):37—52.

Sarabandi K, Pierce L E, et al. 1995. Polarimetric calibration of sir-c using point and distributed targets. IEEE Transactions on Geoscience and Remote Sensing, 33(4):858—866.

第 3 章　多尺度环境遥感数据自动配准

随着遥感技术的发展，由于传感器的不同物理特性所产生的遥感图像不断增多，综合利用多种图像进行数据提取和分析已经成为遥感领域的一个重要手段。图像自动配准技术作为近年来发展迅速的图像处理技术之一，主要是对取自不同时间、不同传感器或不同视角的同一景物的两幅或多幅图像进行匹配、叠加的过程，目前已经被广泛应用于图像分析、变化检测和信息融合等领域。

本章首先对现有主流配准算法进行了分析，比较了它们的优缺点和适用范围；然后，在此基础上结合对环境一号高光谱、红外、SAR 传感器等数据特点构建了环境一号星座不同卫星平台传感器的自动配准模型；最后，结合模型研究了同一传感器不同波段之间、同一卫星平台不同传感器之间、不同卫星数据之间自动配准技术，并给出了实验结论。

3.1　主流配准算法的比较

遥感图像自动配准技术是近年来发展迅速的图像处理技术之一。图像配准是对取自不同时间、不同传感器或不同视角的同一景物的两幅或多幅图像进行匹配、叠加的过程（Zitova & Flusser，2003）。随着遥感技术的发展，由于传感器的不同物理特性所产生的遥感图像不断增多，综合利用多种图像进行数据提取和分析已经成为遥感领域的一个重要手段。在各种传感器之间，由于物理特性和成像方式的不同，在数据应用和数据融合时，不同几何特性和不同分辨率的图像之间必须进行严格的配准。

目前，典型的图像配准算法大致可以分为基于像素的或基于灰度的、基于特征的和基于物理模型的方法。其中，基于灰度的和基于特征的方法都属于基于像素的图像配准方法。

3.1.1　基于灰度区域的图像配准方法

基于灰度区域的方法把重点放在特征匹配上而不是特征选择上，因此融合了特征检测和特征匹配这两部分。然而，在特征匹配时，由于该方法的基本思想使得该方法存在许多缺点。因为经常使用的是矩形窗口，所以仅适合于平移关系的图像之间。如果图像经过了比较复杂的变换，这种类型的窗口就不能适用了；如果参考图像和待配准图像的窗口都是很平滑的灰度区域，没有什么突出的细节，那么误配的概率很高。

经典的基于灰度区域的特征匹配方法主要有相关系数法、傅里叶变换法、互信息法、最小二乘法和核线相关法。

1. 相关系数法

相关系数是标准化的协方差函数，协方差函数除以两信号的方差即得相关系数（Brown，

1992)。对信号 f，g，其相关系数为

$$\rho(f,g) = \frac{c_{fg}}{(c_{ff}c_{gg})^{1/2}} \tag{3.1}$$

式中，c_{fg} 是两信号的协方差；c_{ff} 是信号 f 的方差；c_{gg} 是信号 g 的方差。

　　假设左片上有一个目标点，为了搜索它在右片上的同名点，需以它为中心取周围 $n \times n$ 个像元的灰度序列组成一个目标区，一般 n 为奇数，以使其中心为目标点。根据左片上目标点的坐标概略地估计出它在右片上的近似点位，并以此为中心取周围 $l \times m$ 个影像灰度序列 $(l, m > n)$，组成搜索区。这样搜索区就有 $(l-n+1) \times (m-n+1)$ 个与目标区等大的区域，称为相关窗口，用矩阵相关分别计算目标区与相关窗口的相关系数。则相关系数绝对值最接近 1 时，对应的相关窗口的中点被认为是目标点的同名像点。

　　设目标区窗口灰度数据为 T，大小为 $n \times n$，搜索区窗口灰度数据为 S，大小为 $n \times n$。

$$\rho(c,r) = \frac{\sum_{i=1}^{n}\sum_{j=1}^{n}(T_{i,j}-\overline{T})(S_{i+r,j+c}-\overline{S}_{c,r})}{\sqrt{\sum_{i=1}^{n}\sum_{j=1}^{n}(T_{i,j}-\overline{T})^2 \sum_{i=1}^{n}\sum_{j=1}^{n}(S_{i+r,j+c}-\overline{S}_{c,r})^2}} \tag{3.2}$$

式中

$$\overline{T} = \frac{1}{n \times n}\sum_{i=1}^{n}\sum_{j=1}^{n}T_{i,j}$$
$$\overline{S}_{c,r} = \frac{1}{n \times n}\sum_{i=1}^{n}\sum_{j=1}^{n}S_{i+r,j+c} \tag{3.3}$$

(i,j) 为目标区中的像元行列号；(c,r) 为搜索区中心的坐标，搜索区移动后 (c,r) 随之变化；ρ 为目标区 T 和搜索区 S 在 (c,r) 处的相关系数，当 T 在 S 中搜索完后，ρ 最大者对应的 (c,r) 即为 T 的中心点的同名点。

　　从图 3.1 我们可以看出，此类图像配准算法的核心在于区域相似性度量的选取，目前常用的有相关系数测度、差分测度和相关函数测度。

输入参考图像和待配准图像　→　区域相似性度量提取同名点　→　根据同名点拟合变换模型　→　重采样和插值

图 3.1　基于区域匹配度量图像配准算法流程图

相关系数测度法的配准过程为：

　　(1) 首先在参考图像选取以目标点为中心，大小为 $m \times n$ 的区域作为目标区域 $T1$，并确保目标点(最好是明显地物点)在区域的中间。然后确定搜索图像的搜索区 $S1$，其大小为 $J \times K$，显然 $J > m$，$K > n$，$S1$ 的位置和大小选择必须合理，使得 $S1$ 中能完整包含一个模板 $T1$，其位置的确定可以是大致估计或者根据粗加工处理以后的坐标相对误差来确定。

　　(2) 将模板 $T1$ 放入搜索区 $S1$ 内搜索同名点。从左至右，从上到下，逐像素的移动搜索区来就计算目标区和搜索区之间的相关系数。区最大者为同名区域，其中心为同名点。

　　(3) 选取下一个目标区，重复(1)和(2)以得到其在搜索区的同名点。

（4）当找到足够多数量的同名点后，就可以用多项式拟合法，将一个图像与另一个图像配准。

差分测度和相关函数测度法配准过程同相关系数测度的配准过程。该算法具有原理简单、易于硬件实现的优点，缺点是计算量大，且不适用于图像间尺度和旋转变化较大的情况。

虽然相关系数法仅能精确的配准具有平移关系的图像，但它也能成功地用于有轻微的旋转和尺度变化的图像间。因为是直接作用在图像强度上，没有结构上的分析，所以对强度变化、噪声、照明强度的变化和传感器类型的不同很敏感。Berthiksson（1998）和 Simper（1996）分别将推广的相关系数法用于仿射变形的图像和摄像镜头失准出现投影变换的图像配准。

2. 互信息法

互信息法是近年来研究最多的一种度量方法，已经广泛应用于多模态图像配准中（Viola and Wells，1997；The′venaz and Unser，1998）。互信息法以信息论为基础，从信息熵的角度衡量两个区域的匹配程度。该方法是基于 MI 的最大值，两个变量 X 和 Y 之间的互信息 MI 通过下式给出：

$$\text{MI}(X,Y) = H(Y) - H(Y \mid X) = H(X) - H(X \mid Y) \tag{3.4}$$

式中，$H(X) = -E_X(\lg(P(X)))$ 代表随机变量的熵；$P(X)$ 代表 X 的分布概率。

互信息相似性测度利用图像的灰度统计特性信息来进行图像配准，在两幅图像的重叠区域，根据像素的灰度值直接计算相似性测度函数，免去了图像特征点提取。互信息用熵来定义，熵有多种形式，其中基于 Shannon 熵的相似性测度是目前使用最广泛的多模态图像配准测度。

互信息测度是基于直观的物理概念，同一目标虽然在不同的成像方式下具有不同的灰度属性，但却表现出分布一致性。Woods（1992）认为在一种模态中某个灰度值的像素，在另一模态中呈现出以不同灰度值为中心的分布，在配准位置上分布的方差最小。表达式可表示为

$$\text{PIU} = \sum_a \frac{n_a}{N} \frac{\sigma_B(a)}{\mu_B(a)} + \sum_b \frac{n_b}{N} \frac{\sigma_A(b)}{\mu_A(b)} \tag{3.5}$$

式中，N 是图像中全部像素的数目；n_a、n_b 分别是图像 A 和 B 重叠区域内灰度值为 a 和 b 的像素数目。

$$\mu_B(a) = \frac{1}{n_a} \sum_{\Omega_a} B(x_A) \tag{3.6}$$

$$\mu_A(b) = \frac{1}{n_b} \sum_{\Omega_b} A(x_A) \tag{3.7}$$

$$\sigma_B(a) = \frac{1}{n_a} \sum_{\Omega_a} [B(x_A) - \mu_B(a)]^2 \tag{3.8}$$

$$\sigma_A(b) = \frac{1}{n_b} \sum_{\Omega_b} [A(x_B) - \mu_A(b)]^2 \tag{3.9}$$

式中，$\sum_{\Omega_a} B(x_A)$ 表示在图像 A 中灰度值为 a 的像素在图像 B 的对应位置处像素灰度值之和；

$\sum_{\Omega_a} A(x_B)$ 有相似的含义。

　　设 N 表示图像的大小，N_i 表示图像中灰度值为 i 的像素数目，N_{ij} 表示图像 A 和 B 对应位置处灰度值分别为 i 和 j 的联合数目。图像的 Shannon 熵定义为

$$H = -\sum_i p_i \lg p_i \tag{3.10}$$

式中，
$$p_i = \frac{N_i}{N}。$$

　　图像 A 和 B 的联合熵为

$$H(A,B) = -\sum_{ij} p_{ij} \cdot \lg p_{ij} \tag{3.11}$$

式中，$p_{ij} = \dfrac{N_{ij}}{N}$。用 $H(A)$，$H(B)$ 表示图像 A 和 B 的熵，图像的互信息和归一化互信息（normalized mutual information）分别为

$$I(A,B) = H(A) + H(B) - H(A,B) \tag{3.12}$$

$$\text{NMI} = \frac{H(A) + H(B)}{H(A,B)} \tag{3.13}$$

　　$I(A,B)$ 刻画了两幅图像的联合分布和独立分布之间的距离，是两幅图像相关性的测度。当图像配准时，图像 A 和 B 中的目标结构在空间位置上一一对应，如果某一目标在图像 A 中的灰度值为 a，而在图像 B 中的灰度值为 b，由于刚好重合，这两个灰度的联合数目 N_{ab} 取得最大值，从而 P_{ab} 也取得最大值，联合熵 $H(A,B)$ 取得最小值，互信息 $I(A,B)$ 取得最大值。反之，如果图像越不匹配，两个灰度的联合数目 N_{ab} 越小，使得 $H(A,B)$ 的值越大，$I(A,B)$ 的值越小。

　　关于互信息法与相关系数类方法之间的关系，Roche 等（1998）证明它们都是不同参数下的最大似然估计，这两类方法在统计框架下得到了统一。

3. 傅里叶变换法

　　如果希望提高计算速度或者去除图像频域独立噪声，傅里叶方法比相关法更好，图像傅里叶表示法是在频域进行的。快速傅里叶变换（Chen et al.，1994；Li et al.，2006）提供了一种从频域角度衡量配准程度的方法。该方法的优点是计算速度快，能有效地去除频域独立的噪声。

　　相位相关技术（Bracewell，1965；Castro and Morandi，1987；桂志国和韩焱，2004）是一种非线性、基于傅氏功率谱的频域相关技术，经常被用来检测两幅图像之间的平移，根据频域信息，利用相关技术能够快速地找到最佳匹配位置。理论上，当两幅图像仅存在位移变化时，频域相关算法能检测 x，y 方向的范围分别为图像长度的一半。实验证明，当两幅图像除位移变化，还有噪声、照度不均匀等因素造成的图像差别时，频域相关仍有较大的位移检测范围。

　　当两幅图像确实相关时，由于检测结果为一个 δ 函数，存在较尖锐的检测峰值，所以能实现图像的精确配准。而当两幅图像毫不相关时，检测结果不会有明显的峰值。因此可以利用这一点来区别两幅图像是否相关。当两幅图像间存在某一灰度差或仅有灰度反转时，这种

差别在检测结果中只表现为在 δ 函数加一恒量，并不影响检测结果。由于频域相关法对图像灰度依赖小，因而抗图像遮挡能力也很强。

当两幅图像仅存在平移时，即

$$I_1(x+\Delta x, y+\Delta y) = I_2(x, y) \tag{3.14}$$

对应的傅里叶变换为

$$\hat{I}_1(w_x, w_y) e^{i(w_x\Delta x + w_y\Delta y)} = \hat{I}_2(w_x, w_y) \tag{3.15}$$

所以

$$\hat{\mathrm{Corr}}(w_x, w_y) = \frac{\hat{I}_1(w_x, w_y)\,\hat{I}_2^*(w_x, w_y)}{\mid \hat{I}_1(w_x, w_y) \mid \mid \mid \hat{I}_2(w_x, w_y) \mid} = e^{i(w_x\Delta x + w_y\Delta y)} \tag{3.16}$$

对上式求反变换可得

$$\mathrm{Corr}(w_x, w_y) = \delta(x-\Delta x, y-\Delta y) \tag{3.17}$$

由上式可看出，对于仅存在平移变化的两幅图像之间可以利用相位相关法精确地求出变化量。

若两幅图像间存在平移、旋转和尺度变化，如下式所示：

$$I_2(s \cdot x \cdot \cos\theta_0 + s \cdot y \cdot \sin\theta_0 + \Delta x,$$
$$- s \cdot x \cdot \sin\theta_0 + s \cdot y \cdot \cos\theta_0 + \Delta y) \tag{3.18}$$

式中，θ_0 为旋转角度；s 为尺度因子；Δx 和 Δy 为平移量。

两幅图像间的极坐标傅里叶变换关系为

$$\hat{I}_2(r, \theta) = \frac{1}{s^2} \hat{I}_1\left(\frac{r}{|s|}, \theta+\theta_0\right) e^{i(w_x\Delta x + w_y\Delta y)} \tag{3.19}$$

设 M_1、M_2 分别为 $\hat{I}_1$ 和 $\hat{I}_2$ 的幅度，则

$$M_2(r, \theta) = \frac{1}{s^2} M_1\left(\frac{r}{|s|}, \theta+\theta_0\right) \tag{3.20}$$

从上式可以看出，我们可以先求出旋转和尺度变化量，而不管平移量。若对上式 r 求对数，则上式可以转化为

$$M_2(\lg r, \theta) = \frac{1}{s^2} M_1(\lg r - \lg s, \theta+\theta_0) \tag{3.21}$$

现在，我们就可以利用相位相关法来求出旋转和尺度变化量，进一步可以求出平移量。

对数极坐标变换相位相关法流程如图 3.2 所示。

图 3.2　对数极坐标相位相关法图像配准流程

4. 最小二乘法

高精度最小二乘相关法(余钧辉和张万昌，2004)是利用相关影像灰度差的均方根值为最小的原理，出于抵偿两个相关窗口之间的辐射及几何差异的目的，引入了一些变换参数作为待定值，直接纳入到最小二乘法解算之中，因此获得了极高的精度。最小二乘相关法由于使用了线性化的误差方程，因此需要迭代计算，而且每次迭代，都要进行一次灰度重采样，计算量较大。

最小二乘(LS)算法原理(李峰和周源华，1999)可以分为以下几步：

(1) 设 x_1，y_1，x_2，y_2 分别是左右图像上对应点的坐标，根据几何变形参数 a_0，a_1，a_2，b_0，b_1，b_2 对左影像窗口内坐标进行变换：

$$x_2 = a_0 + a_1 x_1 + a_2 y_1,\ y_2 = b_0 + b_1 x_1 + b_2 y_1 \qquad (3.22)$$

一般取初值：$h_0 = 0$，$h_1 = 1$；$a_0 = 0, a_1 = 1, a_2 = 0; b_0 = 0, b_1 = 0, b_2 = 1$

(2) 重采样。依据 x_2，y_2 利用双线性内插进行重采样。

(3) 辐射畸变矫正。h_0，h_1 是辐射畸变矫正参数，g_1，g_2 是左右影像灰度，并有

$$g_2 = h_0 + h_1 g_1(x, y) \qquad (3.23)$$

(4) 计算左右影像匹配窗口中的相关系数 ρ，如果 $\rho > 1$，转到步骤7)。

(5) 利用最小均方误差原则，求解变形参数改正值：$dh_0, dh_1, \ldots$。

(6) 计算变形参数 h_0，h_1，a_0，a_1，a_2，b_0，b_1，b_2 转到步骤1)。

(7) 计算最佳匹配点位置，以左方影像窗口中的灰度重心为目标点，利用步骤(1)，(3)中的 h_0，h_1，a_0，a_1，a_2，b_0，b_1，b_2 对其坐标作矫正后得右影像的重采样点作为匹配点。

5. 核线相关法

由摄影测量的基本知识可知，通过摄影基线所作的任意一个与该立体像对相交的平面，与像对相交，就会在左右相片获得一对同名核线，由核线的几何关系确定了同名像点必然位于同名核线上。这样只要确定了同名核线就可以沿核线进行快速的一维相关，从而大大减少相关的计算量。

核线相关的基本过程包括确定同名核线、建立目标区及搜索区、计算相似性测度等(朱惠萍和黄全义，2002)。

3.1.2　基于特征的图像配准方法

相对于基于区域的方法，基于特征的方法不直接在图像强度值上进行处理，而是首先从参考图像和待配准图像中提取一些共同特征作为配准基元，然后通过建立配准基元之间的对应关系求解变换模型参数来完成配准过程。这个性质使得基于特征的方法适合于照明强度变化和多传感器的情况，在遥感和计算机视觉中经常采用该方法。

常用的特征有面特征、点特征和线特征。其中，面特征通常用区域的重心来代表区域。重心能对旋转、尺度变换、时延(skewing)、随机噪声和灰度变换保持不变。面特征通常通

过分割的方法得到，分割的精度对配准结果有很大影响。点特征一般指图像中的边缘点、线的交点、角点以及区域的重心等。线特征使用线段作为特征，除了可以利用其位置，还可以选择长度、中点、直线方向等作为参数。

特征匹配的目的是根据参考图像和待配准图像中提取的特征及其属性信息，求出反映两幅图像之间几何变化关系的最优变换模型参数。设 F_1 和 F_2 分别为从参考图像和待配准图像中提取的特征集，C 为变换模型参数空间，特征匹配就是找到一组最优的变换模型参数 $P \in C$，使得 $P(F_2)$ 与 F_1 之间的相似性测度最大。

相似性测度是用来度量参考图像和待配准图像中提取的两个特征集之间的相似性，因此它与两幅图像中提取的配准基元及其属性信息紧密相关。相似性测度定义的好坏是决定图像配准方法优劣最重要的元素之一。目前相似性测度主要采用配准基元两方面的属性信息：一是在变换模型约束下的两幅图像中配准基元之间的空间关系；二是基于两幅图像间几何形变的配准基元的某种不变描述子。

特征匹配方法可以分为基于空间关系的方法、基于不变描述子的方法、金字塔和小波方法。

1) 基于空间关系的方法

基于空间关系的方法主要用于特征不明显或者邻域有局部变形的情况，利用的是控制点之间的距离和它们空间分布的信息。基于空间关系的方法首先是从两幅图像中提取的每个配准基元中抽取出一些控制点，然后将这些控制点在变换模型约束下的空间关系定义为相似性测度。特征之间的关系往往用各种距离来表示。常用的基于空间关系的方法有图匹配算法（graph matching algorithm）（Goshtasby，1985）、聚类分析技术（clustering technique）（Stockman et al.，1982）和斜面匹配技术（chamfer matching technique）（Barrow et al.，1977）。

其中，聚类算法技术可以描述为：参考图像和待配准图像的每一对控制点，满足点对映射关系的参数都作为参数空间的一个点。能够满足最多特征的变换参数形成一个类，而误配的参数则是随机分布在参数空间。检测出这一簇点，其质心就代表最可能的匹配参数向量。在求出映射函数参数的同时特征点也进行了匹配，而且局部错误也不影响整个配准过程。

基于空间关系定义相似性测度方法的最大优点就是一般都能获得较好的配准结果，不过它的最大问题是计算复杂，同时要求正确的匹配特征数必须大于任何一类外部特征情况的特征数目，才能获得比较可靠的结果，而且随着正确匹配的特征数量的减少，算法的复杂度将会显著增加，同时配准的成功率大为下降。

2) 基于不变描述子的方法

当特征的空间关系不明显或者特征不唯一时，例如遥感图像中存在众多湖泊的影响，可以把检测到的特征进行转化，变为易于识别或者匹配的模型，在新的模型下进行匹配，这种方法就是描述符。使用描述符进行配准，描述应当满足以下几个条件：不变性（参考图像和待配准图像对应的特征描述应当一样）、唯一性（两个不同的特征描述符应当不同）、稳定性（由未知的方法引起轻微变形的特征描述应当和原始的特征描述接近）和独立性（如果特征描述是向量，那么它的元素应当与函数无关）。但是通常并不是所有的条件都能或者必须同时满足，而且找到一个合适的替代品是很必需的。

参考图像和待配准图像的具有最相似的不变描述子的特征被认为是对应的。不变描述子的选择依赖于特征的性质和假定的图像几何变形。在特征空间中寻找最优的匹配特征时，常采用带有门限的最小距离原则。

常用的描述符有傅里叶描述符（Persoon and Fu，1977）、不变矩空域描述符（Hu，1962）和轮廓矩阵描述符。

3）金字塔与小波方法

小波原理的广泛应用为图像配准提供了一种"由粗到精"的配准思路（Dani and Chaudhuri，1995；Thevenaz and Unser，1996）。小波分解与相关系数法和互信息法相结合是小波框架的两个具体应用。由于小波分解具有固有的多分辨率特性，使用图像小波分解后的系数进行特征匹配成为当前研究的热点。

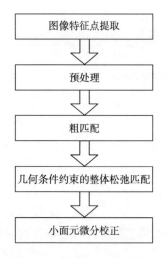

图 3.3 基于小面元微分纠正的图像自动配准算法流程图

1. 基于小面元微分纠正的图像间自动配准

遥感图像配准融合系统软件 CyberLand 采用的图像配准方法：采用遥感图像间相互校正的大面元微分纠正，在其基础上又提出了小面元微分纠正算法。该算法利用了摄影测量中图像匹配的研究成果，即图像特征提取与基于松弛法的整体图像匹配，全自动地获取密集同名点对作为控制点，由密集同名点对构成密集三角网（小面元），利用小三角形面元进行微分纠正，实现图像精确配准。特点是可在两个任意图像上快速匹配出密集、均匀分布的数万个乃至数十万个同名点。通过小面元微分纠正，实现不同遥感图像间的精确相对纠正，检测中误差一般不超过 1.5 个像素（图 3.3）。可以解决山区因图像融合后出现的图像模糊与重影问题，同时适用于平坦地区和丘陵地区图像的配准。

1）图像特征点提取

将目标图像中的明显点提取出来作为配准的控制点。这些点特征的提取是利用兴趣算子提取的。

2）预处理

不同的遥感图像间存在着平面位置、方位与比例的差异，因而需要对其进行平移、旋转与缩放等预处理，以便于图像匹配。当图像的差异较大时，需要人工选取一到三对同名点的概略位置，根据这些同名点解算图像间概略的平移、旋转与缩放等预处理参数。

通过预处理可以使低分辨力图像的比例尺和方位与目标图像基本接近，使图像匹配容易进行。

3) 粗匹配

以特征点为中心，取一矩形窗口作为目标窗口。根据先验知识的预测，从图像中取一较大的矩形窗口作为搜索窗口。将目标窗口的灰度矩阵和搜索窗口中等大的子窗口灰度矩阵进行比较。其中最相似的子窗口的中心为该特征点的同名点。

粗匹配的结果将被作为控制，用于后续的精匹配，因此具有较高的可靠性，其分布应尽量均匀。为了检测其粗差，可对同名点的位置之差进行多项式拟合，将拟合残差大的点剔除。为了提高可靠性，可以用由粗到细的匹配策略，特征提取与粗匹配按分层多级图像金字塔结构进行。

4) 几何条件约束的整体松弛匹配

（1）几何约束条件。大部分的地表是连续光滑的，因此在匹配的过程中应先考虑连续光滑的几何约束条件。包括：第一，目标点的顺序与其同名点的顺序应相当，不应当有逆序；第二，同名点的左右横坐标差不应有突变，有突变者，一般是粗差应剔除；第三，同名点的左右横坐标应当相差不大，它们离一拟合曲面的距离不大。

（2）整体松弛匹配。传统的图像匹配是孤立的单点匹配，它以相似性测度最大或最小为评价标准，取该测度为其唯一的结果，它不考虑周围点的匹配结果的一致性。由于图像变形的复杂性，相似性测度最大者有时不是对应的同名点。根据相关分析，互相关是一多峰值函数，其最大值不一定对应着同名点，而非峰值则有可能是同名点，因此同名点的判定必须借助其临近的点，且它们的影响是相互的。利用整体松弛匹配法能较好地解决这个问题。

5) 改正地面坡度产生的畸变

地面坡度产生不同的畸变是图像间最重要的差别。粗匹配的方法是以特征点为窗口的中心。这种中心窗口模式不考虑上述差别，因而不能解决地面坡度产生不同畸变的问题。改变这个中心模式的窗口为边缘模式的窗口，即以两相邻的特征作为左右两边构成窗口。在评价相似性之前，先将搜索子窗口重采样，使其与目标窗口等大，然后再评价其相似性，这样可以克服坡度引起的畸变差对匹配的不利影响。

根据模式识别理论，设由目标集合 $O = \{o_1, o_2, \ldots, o_n\}$ 与类别集合 $C = \{c_1, c_2, \ldots, c_n\}$，其中目标图像的像素 i 为目标 o_i，从图像上对应的像素 j 为类别 c_j，而图像匹配就是要解决 $o_i \in c_j$ 是否成立的问题。

为提高其可靠性，必须考虑结果的全局一致性，即分类结果是否互相协调一致。设 o_i 与 o_j 的相关系数为 $\rho(i, j)$，并将其换算为 $o_i \in c_j$ 的概率 p_{ij}，o_h 为与 o_i 相邻的像素，c_k 为与 c_j 相邻的像素。利用概率松弛法必须引入 $o_i \in c_j$ 与 $o_h \in c_k$ 的相容系数 $C(i, j; h, k)$，可将其定义为目标图像中的区间 $[i, h]$ 和从图像中的区间 $[j, k]$ 的相关系数 $\rho(ih, jk)$，即

$$C(i, j; h, k) \propto \rho(ih, jk) \tag{3.24}$$

一旦确定了 p_{ij} 和 $C(i, j; h, k)$，就可根据下列公式进行松弛迭代运算

$$Q(i,j) = \sum_{h=1}^{n(H)} \left(\sum_{k=1}^{m(K)} C(i,j;h,k) \cdot P(i,j) \right)$$

$$P^{(r)}(i,j) = P^{(r-1)}(i,j) \cdot (1 + B \cdot Q(i,j)) \quad (3.25)$$

$$P^{(r)}(i,j) = P^{(r)}(i,j) \cdot / \sum_{j=1}^{m(J)} P^{(r)}(i,j)$$

式中，$n(H)$ 为相邻目标点的个数；$m(K)$ 和 $m(J)$ 为从图像匹配候选点的个数；r 为迭代次数。如果，$P(r) > T$（T 为事先给定阈值），则停止迭代，并确定可靠的对应点。此外，图像的金字塔数据结构应用于这个匹配过程，以进一步提高数据处理的速度和配准的可靠性。

小面元微分纠正：

由以上方法，在一幅图像中，通常可以提取数万至数十万对同名点，这些点分布在山脊、山谷等特征线上，或者它们本身就是明显的特征点。将其构成相互对应的三角网。因为点数多，所以三角网的三角形面积都较小。对三角网的每一对三角形，设为 $\Delta p_1 p_2 p_3$ 和 $\Delta p_1' p_2' p_3'$，利用其三顶点的对应坐标 (x_i, y_i)，(x_i', y_i')，$i = 1, 2, 3$，解仿射变换

$$x' = a_0 + a_1 x + a_2 y$$
$$y' = b_0 + b_1 x + b_2 y \quad (3.26)$$

求得式中的系数 a_0，a_1，a_2，b_0，b_1，b_2，然后将待纠正图像上的三角形 $\Delta p_1' p_2' p_3'$ 纠正成与目标图像对应的三角形 $\Delta p_1 p_2 p_3$。

该方法所用的控制点沿图像特征密集分布，对不同的遥感图像间的几何变形进行了精确的相对纠正，因而能很好地解决山区遥感图像的配准问题。

2. 基于角点检测的图像配准方法

相对于一般的图像而言，卫星遥感图像有较多色区域和轮廓，角点提取相对比较容易。角点是指沿图像边缘曲线上的曲率局部极大值点，或者在一定条件下可以放宽为曲率大于一定阈值的点。也就是说，角点是指图像上在两维空间内灰度和边缘方向变化剧烈的点，和周围的邻点有着明显差异。目前，角点检测算法主要分为两大类：第一类是基于图像边缘的角点提取算法；第二类是直接基于图像灰度的角点检测算法。

基于图像边缘的角点检测算法的基本思想是：角点首先是一种边缘上的点，是一种特殊的边界点。这类算法先检测出图像边缘，然后再检测出边缘上出现突变的点作为检测到的角点。基于图像边缘的角点检测算法的主要缺点是对边缘提取算法依赖性大，如果提取的边缘发生错误，或是边缘线发生中断（在实际中经常会遇到这种情况），则对角点的提取结果将造成很大影响。

直接基于图像灰度的角点检测算法所检测的是角点局部范围内灰度和梯度变化剧烈的极大点，这类算法所应用的手段主要是通过计算曲率及梯度来检测角点。由于它无需进行边缘提取，所以在实际中得到了广泛应用。目前常用的基于图像灰度的角点检测算法主要有 Harris 角点检测算法和 Susan 角点检测算法。

1) Harris 角点检测算法

Harris 角点检测算法是一种基于图像灰度的角点检测算法（李玲玲和李印清，2006；李

博等，2006；Konstantinos G. Derpanis，2004）。Harris 角点检测算法（又称为 Plessey 角点检测算法）是 Harris 和 Stephens 在 1988 年提出的角点特征提取算法。这种算法受信号处理中自相关函数的启发，给出与自相关函数相联系的矩阵 $\boldsymbol{M}$。$\boldsymbol{M}$ 阵的特征值是自相关函数的一阶曲率，如果两个曲率值都高，那么就认为该点是角点特征。矩阵 $\boldsymbol{M}$ 定义为

$$\boldsymbol{M} = G \otimes \begin{bmatrix} I_x^2 & I_x I_y \\ I_x I_y & I_y^2 \end{bmatrix} = \begin{bmatrix} <I_x^2> & <I_x I_y> \\ <I_x I_y> & <I_y^2> \end{bmatrix} \tag{3.27}$$

式中，I_x 为图像 I 在 x 方向的梯度；I_y 为 y 方向的梯度；G 为高斯模板；$<>$ 表示高斯模板与函数卷积。

$$<I_x^2> = G \otimes I_x^2, \quad <I_y^2> = G \otimes I_y^2, \quad <I_x I_y> = G \otimes I_x I_y \tag{3.28}$$

在矩阵 $\boldsymbol{M}$ 基础上，角点响应函数 CRF 计算方法有两种：

一种是经典的 Harris 方法，CRF 按如下定义：

$$\text{CRF} = \det(\boldsymbol{M}) - k \cdot \text{trace}^2(\boldsymbol{M})$$

式中，det 为矩阵的行列式；trace 为矩阵的迹；k 为常数，一般取 0.04。CRF 的局部极大值所在点为角点。

另一种是 Nobel 提出的 CRF 定义方法，即：$\text{CRF} = \dfrac{\text{trace}(\boldsymbol{M})}{\det(\boldsymbol{M})}$

这时，CRF 局部极小值点对应角点。

Harris 角点检测算子对亮度变化和刚体几何变换有很高的可重复性，而且用于图像配准的信息量也是最大的，此算子是目前最稳定的角点检测算子。

虽然 Harris 角点检测算法是一种比较经典的角点检测算法，但仍存在以下缺点：

（1）对噪声比较敏感。随着图像分辨率的不同，角点容易产生漂移，而且 Harris 角点检测算子不是尺度不变的。因为，在高斯尺度空间，同一类型特征点在不同的尺度上具有因果性，即当尺度变化时，新的特征点可能出现，而老的特征点可能移位或者消失。

（2）算法只能在单一尺度下检测角点，这样在对角点度量执行非极大值抑制，确定局部极大值时，角点提取的效果就完全依赖于阈值的设定。阈值大会丢失角点信息，阈值小又会提取出伪角点。

（3）算法虽然采用了可调窗口大小的高斯平滑函数，但实际运用中高斯窗的大小不易控制。如果窗口较小，会因为噪声的影响导致众多伪角点的出现；如果窗口较大，则会因为卷积的圆角效应使得角点的位置发生了较大的偏移，而且增加了算法的计算量。

为解决 Harris 检测算法的单一尺度问题，李博等（2006）引入了多分辨率分析的思想，使得传统的 Harris 算法具有多尺度检测角点的特性。

2）Susan 角点检测算法

1997 年英国牛津大学的 S. M. Smith 和 J. M. Brady 提出了一种用于低层次图像处理的最小核值相似区（即 smallest univalue segment assimilating nucleus，SUSAN）算法（Smith and Brady，1997；卢力等，2006）。它直接对图像灰度值进行操作，方法简单，无需梯度运算，保证了算法的效率；定位准确，对多个区域的结点也能精确检测；并且具有积分特性，对局部噪声不敏感，抗噪能力强。

Susan 准则的原理如图 3.4 所示,用一个圆形模板遍历图像,若模板内其他任意像素的灰度值与模板中心像素(核)的灰度值的差小于一定阈值,就认为该点与核具有相同(或相近)的灰度值,满足这样条件的像素组成的区域称为核值相似区(univalue segment assimilating nucleus,USAN)。把图像中的每个像素与具有相近灰度值的局部区域相联系是 SUSAN 准则的基础。

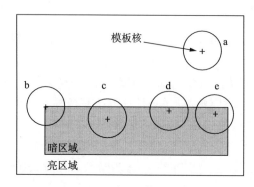

图 3.4　Susan 准则原理图

具体检测时,是用圆形模板扫描整个图像,比较模板内每一像素与中心像素的灰度值,并给定阈值来判别该像素是否属于 USAN 区域,如下式:

$$c(\vec{r},\vec{r}_0) = \begin{cases} 1 \; if \, |\, I(\vec{r}) - I(\vec{r}_0)\,| \leqslant t \\ 0 \, if \, |\, I(\vec{r}) - I(\vec{r}_0)\,| > t \end{cases} \qquad (3.29)$$

式(3.29)中,$c(\vec{r},\vec{r}_0)$ 为模板内属于 USAN 区域的像素的判别函数;$I(\vec{r}_0)$ 是模板中心像素(核)的灰度值;$I(\vec{r})$ 为模板内其他任意像素的灰度值;t 是灰度差门限。它影响检测到角点的个数,t 减小,获得图像中更多精细的变化,从而给出相对较多的检测数量。门限 t 必须根据图像的对比度和噪声等因素确定。

因此图像中某一点的 USAN 区域大小可由下式表示:

$$n(\vec{r}_0) = \sum_{\vec{r} \neq \vec{r}_0} c(\vec{r},\vec{r}_0) \qquad (3.30)$$

USAN 区域包含了图像局部许多重要的结构信息,它的大小反映了图像局部特征的强度,当模板完全处于背景或目标中时,USAN 区域最大(如图 3.4 中 a),当模板移向目标边缘时,USAN 区域逐渐变小(如图 3.4 中 c,d,e),当模板中心处于角点位置时,USAN 区域很小(如图 3.4 中 b)。得到每个像素对应的 USAN 区域大小后,利用下式产生初始角点响应:

$$R(\vec{r}_0) = \begin{cases} g - n(\vec{r}_0) & \text{if } n(\vec{r}_0) < g \\ 0 & \text{其他} \end{cases} \qquad (3.31)$$

式中,g 为几何门限,影响检测到的角点形状,g 越小检测到的角点越尖锐。

门限 g 决定了输出角点的 USAN 区域的最大值,即只要图像中的像素具有比 g 小的 USAN 区域,该点就被判定为角点。g 的大小不但决定了可从图像中提取角点的多寡,而且如前所述,它还决定了所检测到的角点的尖锐程度。所以一旦确定了所需角点的质量(尖锐程度),g 就可以取一个固定不变的值。门限 t 表示所能检测角点的最小对比度,也是能忽略的噪声的最大容限。它主要决定了能够提取的特征数量，t 越小，可从对比度越低的图像中提取特征，而且提取的特征也越多。因此对于不同对比度和噪声情况的图像，应取不同的 t 值。

SUSAN 准则有一个突出的优点，就是对局部噪声不敏感，抗噪能力强。这是由于它不依赖于前期图像分割的结果，并避免了梯度计算；另外，USAN 区域是由模板内与模板中心像素具有相似灰度值的像素累加而得，这实际上是一个积分过程，对于高斯噪声有很好的抑制作用。

SUSAN 二维特征检测的最后一个阶段，就是寻找初始角点响应的局部最大值，也就是非最大抑制处理，以得到最终的角点位置。非最大抑制顾名思义，就是在局部范围内，如果中心像素的初始响应是此区域内的最大值，则保留其值，否则删除，这样就可以得到局部区域的最大值。

3）角点匹配算法

在找出两幅图像所有的角点之后，要找出两幅图像角点之间的对应关系这是自动配准的关键步骤（徐林，2006）。通常分两步完成，即角点的初始匹配（粗匹配）和精匹配。初始匹配阶段仅仅考虑角点之间的局部特性，精匹配阶段将使用全局信息进行优化。

A. 角点粗匹配

粗匹配是利用角点附近的灰度信息，用相关的方法，建立一个局部匹配的准则，将 Harris 算子检测结果（两个角点集合），划分为多对多匹配对。图像 A 中角点 p 和图像 B 中角点 q 的相似程度的度量采用互相关，相关系数定义为

$$\text{Corres}(p,q) = \frac{1}{\delta_1 \delta_2 \cdot \pi n^2} \cdot \sum_{j=-n}^{n} \sum_{i=-n}^{n} [A(u+i,v+j) - \mu_1] \cdot [B(u+i,v+j) - \mu_2]$$

(3.32)

式中，$\mu_1(\mu_2)$ 和 $\delta_1(\delta_2)$ 分别是图像 $A(B)$ 在点 $p(q)$ 附近的局部均值和方差；n 为角点邻域半径。

为提高搜索速度同时保证计算精确度，图像 A 中角点 p 的邻域取圆域：中心为 p 点，半径为 n。在图像 B 中找到与 A 中 p 点具有相同坐标点的矩形搜索区域：尺寸为 $2du \times 2dv$。对于搜索区中每一角点 q，按公式计算 p 与 q 的相似度。

B. 角点精匹配

传统点匹配方法不考虑周围点的匹配结果一致性，本书参考张迁等（Chen et al.，1994）的算法，采用松弛匹配先利用对称性计算邻域内其他角点对该角点的支持强度，再由迭代将粗匹配结果（多对多匹配对）精确为最终的一对一匹配结果，即精匹配结果。

精匹配过程归纳如下：

（1）假设 (A_i, B_i) 为一个正确匹配对，$N(A_i)$ 为 A_i 周围角点支持范围（中心 A_i，半径为 R 的圆域）。对于 $N(A_i)$ 中所有的支持 A_i 的角点 $A_k[A_k$ 对应的匹配对 $(A_i, B_i)]$，定义支持强度为

$$\text{Supp}(A_i, B_j; A_k, B_r) =$$
$$\frac{\text{Corres}(A_i, B_j) \cdot \text{Corres}(A_k, B_r) \cdot \rho(A_i, B_j; A_k, B_r)}{1 + \text{dis}(A_i, B_j; A_k, B_r)} \tag{3.33}$$

（2）取 $N(A_i)$ 中的最大支持强度，再由双向仅仅考虑匹配性，最终候选匹配对 (A_i, B_j) 的匹配强度为

$$S(A_i, B_j) = \sum_{A_h \in N(A_i), h \neq i} \max_{(A_h, B_r)} \left[\text{Supp}(A_i, B_j; A_h, B_r) \right]$$
$$+ \sum_{B_r \in N(B_j), r \neq j} \max_{(A_h, B_r)} \left[\text{Supp}(A_i, B_j; A_h, B_r) \right] \tag{3.34}$$

（3）考虑对称性，有 $S(A_i, B_j) = S(B_j, A_i)$，如果它们的值为零，说明没有得到邻域角点的支持，不是匹配对。

4）图像配准算法

在找到对应的角点之后，根据角点的对应关系和图像间的变换关系，采用对应的变换函数模型进行变换参数求解。求出系数后，对待配准图像进行变换，得到配准后的图像。

3. 基于图像描述符的配准方法

当特征的空间关系不明显或者特征不唯一时，例如遥感图像中存在众多湖泊的影响，可以把检测到的特征进行转化，变为易于识别或者匹配的模型，在新的模型下进行匹配，这种方法就是描述符。使用描述符进行配准，必须满足不变性、唯一性、稳定性和独立性条件。目前，常用的特征描述符图像配准算法主要有 SIFT 算法和 SURF 算法。

1）SIFT 图像配准算法

SIFT(scale invariant feature transform，即尺度不变特征变换)特征匹配算法是目前国内外特征匹配研究领域取得比较成功的一种算法。它是由 David G. Lowe 在 2004 年总结了现有的基于不变量技术的特征检测算法基础上，提出的一种基于尺度空间的、对图像缩放、旋转甚至仿射变换保持不变性的特征匹配算法。该算法匹配能力较强，能提取比较稳定的特征，可以处理两幅图像之间发生的平移、旋转、仿射变换、视角变换、光照变换情况下的匹配问题，甚至在某种程度上对任意角度拍摄的图像也具备较为稳定的特征匹配能力，从而可以实现差异较大的两幅图像之间特征的匹配。

SIFT 特征匹配算法分两个阶段来实现：第一阶段是 SIFT 特征的生成，即从多幅待匹配的图像中提取出对尺度缩放、旋转、亮度变化无关的特征向量；第二阶段是 SIFT 特征向量的匹配。其中，SIFT 特征的生成又可以分为关键点检测和描述子构造两部分(图 3.5)。

SIFT 方法的主要步骤包括：尺度空间和降采样图像的形成、尺度空间极值点的检测、特征点的精确定位、特征点方向参数生成、特征点描述符的形成。

A. 图像尺度空间和降采样图像生成

尺度空间理论目的是为了模拟图像的多尺度特征，高斯卷积核是实现尺度变换的唯一线性核，二维图像的尺度空间定义为

$$L(x,y,\sigma) = G(x,y,\sigma) \times I(x,y) \tag{3.35}$$

式中，$G(x,y,\sigma)$ 是尺度可变高斯函数；(x,y) 是图像的空间坐标；而 σ 是尺度坐标，即

$$G(x,y,\sigma) = \frac{1}{2\pi\sigma^2} e^{\frac{-(x^2+y^2)}{2\sigma^2}}$$

为了在尺度空间上检测到稳定的特征点，需要采用高斯差分尺度空间（DOG），即将不同尺度的高斯差分核和图像进行卷积。

$$D(x,y,\sigma) = [G(x,y,k\sigma) - G(x,y,\sigma)] \cdot I(x,y) = L(x,y,k\sigma) - L(x,y,\sigma) \tag{3.36}$$

DOG 算子计算比较简单，是对尺度归一化 LOG 算子的一种近似。为了实现特征点对图像尺度的不变性，需要对图像进行分辨率的降采样，从而构建图像金字塔，这样图像按照降采样分成若干组，每组再采用高斯尺度卷积形成若干层，下一组的图像由上一组图像经过降采样生成。

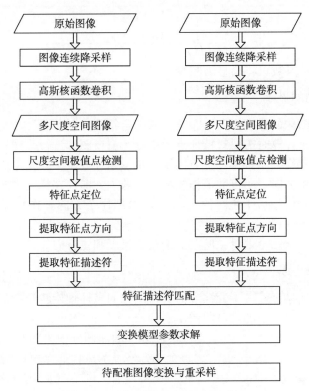

图 3.5　SIFT 算法图像配准流程图

B. 尺度空间极值点的检测

若要寻找尺度空间中存在的极值点，就需要把每个采样点和它周围所有的相邻点进行比较，即判读它是否比周围图像域和尺度域的相邻像素点大或者小。每个检测点不仅需要和它同尺度的 8 个邻域点，而且还要和它上下两个相邻尺度内对应的 9×2 个点共 26 个点进行比较，以保证在尺度空间及图像空间都能检测到极值点。

C. 极值点位置的精确确定

为了精确定位极值点的位置，需要采用三维二次函数的拟合，以达到亚像素的定位精度，此外还需要去除对比度比较低的特征点以及不稳定边缘响应点，以实现匹配稳定、抗噪声的要求。

去除低对比度的特征点：

$$D(X_{\max}) = D + \frac{1}{2} \frac{\partial D^{\mathrm{T}}}{\partial X} \tag{3.37}$$

若 $|D(X_{\max})| \geqslant \mathrm{thr}$，则保留该特征点。增大阈值则特征点数目将会显著减少。去除不稳定边缘响应点：设海森矩阵 H 的最大幅值特征为 α，次大幅值特征为 β，$r = \frac{\alpha}{\beta}$，则 ratio 如下式所示：

$$H = \begin{pmatrix} D_{xx} & D_{xy} \\ D_{xy} & D_{yy} \end{pmatrix} \tag{3.38}$$

$$\mathrm{ratio} = \frac{\mathrm{tr}^2(H)}{\det(H)} = \frac{(\alpha+\beta)^2}{\alpha\beta} = \frac{(r+1)^2}{r} \tag{3.39}$$

减小 r 的值，特征点数目将会显著减少。

D. 特征点主方向的提取

利用特征点周围图像的梯度方向分布统计来确定特征点的特征主方向，使得 SIFT 算子具有旋转不变的性能。计算时需要对特征点为中心的窗口图像进行采样，根据直方图统计窗口图像内所有像素的梯度方向，梯度直方图统计范围是 $0°\sim360°$，直方图的峰值就代表了该特征点处邻域梯度的主方向，用该数值作为特征点的主方向。在梯度方向直方图中，如果存在另一个峰值，且该峰值相当于主峰值 80%，可以把这个方向看作特征点的辅方向。一个特征点可以提取多个方向（例如一个主方向和一个辅方向），大大增强特征点匹配时的鲁棒性。提取的图像特征点有三个信息：所在的位置、尺度和主方向。

E. 特征点描述符生成

为了使特征点匹配具有旋转不变性，需要将图像的坐标轴旋转至特征点的主方向，然后再以特征点为中心取一定大小的窗口图像。

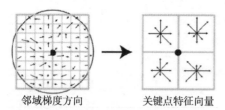

邻域梯度方向　　　关键点特征向量

图 3.6　当前特征点与关键点特征向量图

图 3.6 的左部分中央为当前特征点的位置，而每个小方格表示该特征点窗口图像所在尺度空间的一个像素，箭头的方向则代表该像素的梯度方向，箭头的长度代表了梯度的大小，圆圈代表了高斯加权的范围，越靠近特征点，像素梯度方向的贡献也就越大。在每 4×4 的小块内计算出 8 个方向的梯度方向直方图，并统计每个梯度方向的累计值，得到一个种子点，如图 3.6 的右部分所示。图中一个特征点由 2×2 共 4 个种子点构成，每个种子点会有 8 个方向的向量值。采用邻域方向统计和加权，一方面增强了算法抗噪声的能力；另一方面对定位误差的特征匹配提供了较好的稳健性。为了进一步增强特征匹配的鲁棒性，可以对每个特征点使用 4×4 共 16 个种子点的方式进行特征描述，每个特征点可以产生 128 维的特征数据，即 128 维的 SIFT 特征向量。此时，SIFT 特征向量已经去除了图像尺

度、旋转等几何变形的影响，如果对特征向量进行长度归一化，就可以进一步去除图像灰度变化的影响。

对两幅待配准的图像分别提取特征点和其特征描述符向量后，就可以根据特征匹配进行图像的配准。具体匹配时可以采用特征描述符向量的距离作为两幅图像中特征点的相似性判定标准，有多种距离可以衡量两个特征之间的差别，最常用的是欧氏距离。

首先对于第一幅图像的特征向量，计算它与第二幅图像特征向量集合中每一个特征向量间的欧氏距离，得到距离集合，然后对距离集合按照大小进行排序，从中提取最小距离和次最小距离，然后通过比较最小距离和次最小距离的比值，判定该比值和阈值的关系。如果最小距离和次最小距离的比值大于事先设定的阈值，则接受这一对匹配点。阈值越大，则SIFT 匹配点数目会减少，但更加稳定。

2）SURF 图像配准算法

SURF 算法整体思想流程同 SIFT 类似，但在整个过程中又采用了与 SIFT 不同的方法。主要体现在：

在检测特征点时，SURF 算法采用不同尺度的方框滤波器（box filter）与图像卷积，而SIFT 算法采用不同尺度的图像与高斯滤波器卷积。

SURF 算法计算在 x 和 y 方向特征点周围半径为 $6s$（s 为特征点的尺度）的圆形区域内的Harr 小波响应来计算特征点方向，而 SIFT 算法用梯度直方图邻域来计算特征点方向。

在特征描述时，SURF 算法将 20×20 区域分为 4×4 的子区域，在每一个子区域计算Harr 小波响应，响应值以及对应的绝对值都各自求和，在每个子区域共形成一个 4D 向量，因而描述符为 $4 \times 4 \times 4 = 64$ 维向量，而 SIFT 算法将 20×20 区域分为 4×4 子区域，每个子区域计算 8 个方向的梯度方向直方图，因而描述符为 $8 \times 4 \times 4 = 128$ 维向量。

在具体介绍 SURF 算法之前，首先介绍积分图像（integral image）和方框滤波器（box filter）的概念。

积分图像在提高 SURF 算法计算速度上发挥了重要作用。假设图像内一点坐标为(x, y)，则该点的积分图像值为

$$I_{\sum}(x, y) = \sum_{i=0}^{i \leqslant x} \sum_{j=0}^{j \leqslant y} I(x, y) \tag{3.40}$$

使用积分图像，则计算某一矩形区域的值只需要 4 个加减法运算，这就大大提高了计算速度，如图 3.7 所示。

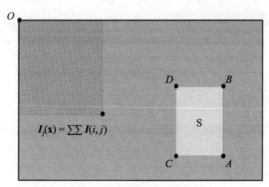

图 3.7　计算方法与公式

则 $S=A-B-C+D$。

SURF 算法使用方框滤波器来近似代替二阶高斯滤波器，如图 3.8 所示。

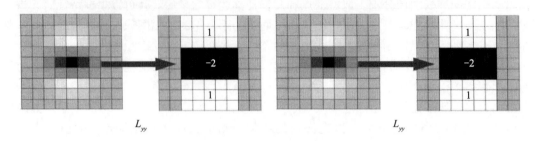

$$L_{yy} \qquad\qquad\qquad L_{yy}$$

图 3.8　方框滤波器示意图

SURF 同 SIFT 算法一样，也可以分为特征点检测和特征点描述 2 个阶段。

A. 特征检测

特征点的检测依然依赖于尺度空间理论。首先用积分图像代替原图像，提高计算速度。对于图像中一点 $\tilde{x}=(x,y)$，计算在尺度 σ 上的 Hessian 矩阵，Hessian 矩阵定义为

$$\boldsymbol{H} = \begin{bmatrix} L_{xx}(\tilde{x},\sigma) & L_{xy}(\tilde{x},\sigma) \\ L_{xy}(\tilde{x},\sigma) & L_{yy}(\tilde{x},\sigma) \end{bmatrix} \tag{3.41}$$

式中，L_{xx} 是用二阶高斯滤波器同积分图像卷积的结果；L_{xy}，L_{yy} 的含义类似。用方框滤波器代替二阶高斯滤波器，设方框滤波器同图像卷积后的值分别为 D_{xx}、D_{xy}、D_{yy}，进一步精确近似，解得 Hessian 矩阵的行列式为

$$d(\boldsymbol{H}) = D_{xx}D_{yy} - (0.9D_{xy})^2 \tag{3.42}$$

在构建图像金字塔时，与传统方法不同的是，SURF 算法保持图像大小不变，通过改变方框滤波器的大小来构建图像金字塔，而传统方法是保持滤波器大小不变，通过改变图像尺寸来构建图像金字塔(图 3.9)。

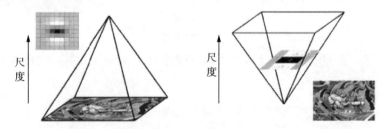

图 3.9　左图为传统的图像金字塔构建方法，右图为 SURF 图像金字塔构建方法

用 Hessian 矩阵求出极值后，在 $3 \times 3 \times 3$ 立体邻域内进行非极大值抑制，只有比上一尺度、下一尺度及本尺度周围的 26 个邻域值都大或者都小的极值点，才能作为候选特征点，然后在尺度空间和图像空间中进行插值运算，得到亚像素精度稳定的特征点位置及所在的尺度值。

在进行特征描述之前，首先必须确定特征点主方向。

为保证旋转不变性，首先以特征点为中心，计算半径为 $6s$(s 为特征点所在的尺度值)的

邻域内的点在 x，y 方向的 Harr 小波(Harr 小波变长取 $4s$)响应，并给这些响应赋高斯权值系数，使得靠近特征点的响应贡献大，而远离特征点的响应贡献小，更符合客观实际；其次将 $60°$ 范围的加权小波响应在 x，y 方向分别相加，形成新的矢量，遍历整个圆形区域，选择最长矢量的方向为该特征点的主方向。这样就可以得到每个特征点的主方向。

B. 特征点描述

以特征点为中心，首先将坐标轴旋转到主方向，按照主方向选取变长为 $20s$ 的正方形区域，将该窗口区域划分成 $4×4$ 的子区域，在每一个子区域，计算 $5s×5s$(采样步长取 s)范围内的小波响应，相对于主方向的水平、垂直方向的 Harr 小波响应分别记作 d_x、d_y，同样赋予响应值以权值系数，以增加对几何变换的鲁棒性；然后将每个子区域的响应以及响应的绝对值相加形成 $\sum d_x$、$\sum d_y$、$\sum |d_x|$、$\sum |d_y|$。这样在每个子区域形成四维分量的矢量 $V = (\sum d_x, \sum d_y, \sum |d_x|, \sum |d_y|)$，因此对每一个特征点，形成 $4×4×4=64$ 维的描述向量，再对向量进行归一化，从而对光照具有一定的鲁棒性(图 3.10)。

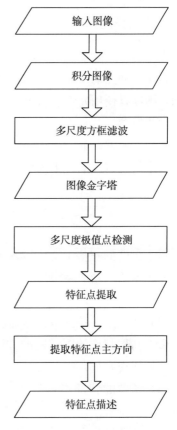

图 3.10　SURF 算法图像配准流程图

3.1.3　基于物理模型的图像配准

1. 弹性模型

弹性模型是上述物理模型中的一种，原理是把图像视为受力后会发生位移的弹性材料。Briot(1981)首次把弹性模型引入医学图像配准。在此基础上，Bajcsy 和 Kovacic(1989)提出了多分辨率弹性体匹配模型。蔡志锋(2003)提出了用混合弹性模型解决图像匹配问题。有限元法图像配准是一种典型的弹性模型方法。有限元模型的思想来源于弹性力学中的能量最小化原理。Ferrant 等(1999)最早提出了图像配准的有限元模型，并在后来的研究中提出了基于活动表面的迭代算法。有限元算法配准的关键是边界条件的计算和迭代算法，对数据量大的遥感图像配准而言，如何实现上述问题尚需进一步研究。

弹性配准的缺点在图像变形非常局部化时出现。通过流体配准可以解决。流体配准方法利用黏性流体模型来控制图像变换。参考图像被模型化为黏稠流体，在源自高斯传感器模型的控制下流出去匹配待配准图像。缺点是在配准的过程中会出现模糊。

非刚性的方法还有基于扩散的配准方法(diffusion-based registration)、水平集合配准方法(level sets registration)。

2. 光流场模型

光流场的概念来源于计算机视觉的研究。物体运动时，会在视网膜上形成连续变化的图像，好像一种光的"流"，称为光流。光流包含了运动的信息，如果把图像的变形看做一种运动，则可以使用光流模型进行图像配准。光流场的计算有多种模型，包括差分类模型、基于能量的模型、基于相位的模型等。与传统的基于像素的配准方法相比，基于物理模型的配准技术尚不成熟。如何建立合理的变形模型模拟传感器的成像机理，如何提高配准的计算速度、配准精度以及对配准的评估都需要进一步的研究。

3.1.4 结 论

基于灰度的和基于特征的方法都属于基于像素图像的配准方法。通过复杂度分析和实验比较，主流的 3 类图像配准方法在计算复杂度、图像适用性等方面都有较大差异，具体如下：

（1）基于灰度的图像配准算法算法简单，计算量大，耗时长，对光照条件敏感。

（2）基于特征的图像配准方法与基于灰度区域的相比，可以在一定程度上克服上述缺点，主要体现在（3）和（4）。

（3）图像的特征点数目要比图像的像素点要少很多，因此大大减少了匹配过程的计算量。

（4）图像的特征点对于图像形变、光照不均等有较好的适应能力，算法鲁棒性强。常用的图像特征点包括点特征、轮廓特征和区域特征等等。

（5）在图像变形比较复杂的情况下，特征描述会随变形发生变化，按传统的基于像素模型的匹配难以建立对应关系，而基于物理模型的方法可以很好地解决这一问题。在基于物理模型的配准方法中，特征匹配和图像变换可以同时完成，但是对局部的变形敏感。

传统的 3 类图像配准方法特点各异，任何一种配准方法都难以解决所有配准问题。在针对 HJ-1A/B/C 多平台多载荷配准需求方面，需要结合数据特点，针对不同的处理需求选择组合不同类图像配准技术才可实现遥感图像自动配准。

3.2 同一传感器不同波段之间的配准

3.2.1 配准特点

HJ-1A/B/C 星同一传感器不同波段之间配准主要指 HJ-1A/B 卫星 CCD 相机波段间配准和 HJ-1B 红外相机波段间配准。通过实验比对，HJ-1A/B/C 星波段间数据配准精度已经达到 1～2 个像素以内，图像配准需要解决的问题主要是：

（1）将配准精度提高到亚像素级。

（2）尽量提高山地等复杂地区配准精度。

3.2.2 配 准 方 法

本实验主要采用如图 3.11 所示的配准方法实现同一传感器不同波段之间的配准。该配准方法基于环境一号星座不同卫星平台传感器的自动配准模型进行设计实现,结合波段间已有 1~2 个像素的配准精度省略了特征点粗匹配步骤。

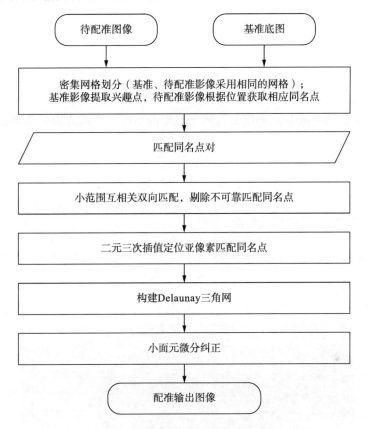

图 3.11 同一传感器不同波段之间的配准流程

方法在充分考虑图像波段间既有的像元级配准精度的基础上,通过亚像素同名点对获取和局部纠正模型解决了波段间图像配准需要解决的问题。

1. 匹配同名点对

对基准影像进行密集网格划分,每个网格定位一个兴趣点(采用 Harris 角点),在待配准影像上根据位置找到相应的匹配同名点。通过这种处理得到的匹配同名点对继承了波段间既有的图像配准精度(1~2 个像素以内),并且选取的同名点对具有一定的代表性。

2. 亚像素匹配同名点对

通过网格划分获取的同名点对不存在误匹配点,仅在水域等平坦地区可能存在不稳定的点(特征不明显),本节采用小范围的互相关双向匹配配合一定阈值对不稳定的点进行剔除;

在相关系数峰值附近，利用插值亚像元匹配点。

3. 基于三角网的小面元微分纠正

通过上述网格划分方法，可以根据需求获取大量高精度匹配同名点，这些点分布在山脊、山谷、建筑物角落等特征点上。本书将这些匹配同名点构建 Delauny 三角网，对三角网的每一对三角形，设为 $\Delta p_1 p_2 p_3$ 和 $\Delta p'_1 p'_2 p'_3$，利用其三顶点的对应坐标 (x_i, y_i)，(x'_i, y'_i)，$i = 1, 2, 3$，解仿射变换：

$$\begin{aligned} x' &= a_0 + a_1 x + a_2 y \\ y' &= b_0 + b_1 x + b_2 y \end{aligned} \tag{3.43}$$

求得式中的系数 $a_0, a_1, a_2, b_0, b_1, b_2$；然后将待纠正图像上的三角形 $\Delta p'_1 p'_2 p'_3$ 纠正成与目标图像对应的三角形 $\Delta p_1 p_2 p_3$。

这种局部纠正方法在大量高精度匹配同名点对的支撑下，可克服局部畸变，解决山区遥感图像的配准问题。

3.2.3　实　验　结　果

1. HJ-1A 星 CCD 波段间配准精度

1) 测试数据

测试数据为：

基准图：HJ1A-CCD1-1-68-11. tif，大小为 2265×2369(图 3.12)；

图 3.12　HJ1A-CCD1-1-68-11 基准图(2265×2369)(第一波段)

待配准图：HJ1A-CCD1-1-68-22. tif，大小为 2265×2369（图 3.13）。

图 3.13　HJ1A-CCD1-1-68-22 待配准图（2265×2369）（第二波段）

2）测试结果（图 3.14）

图 3.14　CCD 波段间配准结果图（2265×2369）

3）结果分析

比例尺为 200％的影像结合处无突变，配准误差为亚像元级，满足指标要求（图 3.15）。

图 3.15　CCD 波段间配准影像结合处（200％比例尺）

2. HJ-1B 星红外波段间配准精度

1）测试数据

模块所用测试数据为：

基准图：HJ1B-IRS-4-63-1. tif，大小为 1176×964（图 3.16）；

待配准图：HJ1B-IRS-4-63-2. tif，大小为 1176×964（图 3.17）。

图 3.16　HJ1B-IRS-4-63-1 基准图（1176×964）（第一波段）

图 3.17　HJ1B-IRS-4-63-2 待配准图(1176×964)(第二波段)

2) 测试结果(图 3.18)

图 3.18　红外波段间配准结果图(1176×964)

3) 结果分析

比例尺为 200% 的影像结合处无突变,配准误差为亚像元级,满足指标要求(图 3.19)。

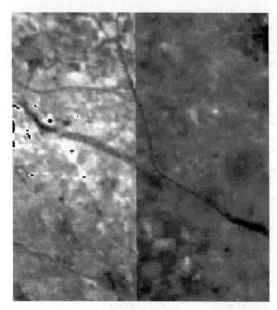

图 3.19　红外波段间配准影像结合处(200%比例尺)

3.3　环境一号星座不同卫星平台传感器的自动配准模型

3.3.1　HJ-1A/B/C 星传感器特点

1. 可见光传感器成像特点

可见光传感器是利用目标反射或散射太阳光中的可见光波段电磁波到可见光传感器来成像，主要反映了场景对可见光波段电磁波的反射比。在可见光波段范围内，可见光传感器对城市街道、建筑、水体、土壤和植被有很强的分辨能力，能真实反映目标的颜色和亮度信息。现阶段可见光传感器的空间分辨率已经达到 1m 以上，但可见光传感器无法在夜间和有云雾等天气条件下获得地表图像。

2. 红外传感器成像特点

红外传感器是利用目标反射或散射太阳光中的红外波段电磁波成像或者利用目标辐射红外线来成像。热红外图像反映了场景内不同地物或目标的温度差异，并且热红外传感器可以在夜间工作。在灰度特性方面，可见光图像和热红外图像之间，甚至是不同时段获取的红外图像之间的灰度特性差异较大，甚至出现灰度反转的现象，如河流、道路等。

3. 高光谱传感器成像特点

高光谱遥感是高光谱分辨率遥感(Hyperspectral Remote Sensing)的简称。它是在电磁波谱的可见光、近红外、中红外和远红外波段范围内，获取许多非常窄的光谱连续的影像数据的技术。其成像光谱仪可以收集到上百个非常窄的光谱波段信息，包含了丰富的空间、辐射和光谱三重信息。高光谱遥感数据具有多、高、大、快等特点。高光谱传感器、可见光传感器和红外传感器都是被动式传感器。

4. SAR 传感器成像特点

合成孔径雷达(SAR)是一种利用微波进行感知的主动传感器，也是微波遥感设备中发展最迅速和最有成效的传感器之一。SAR 图像主要反映了地物目标的两类特性：一是目标的结构特性，即目标的表面粗糙度(纹理)、几何结构(尺寸、轮廓、直径)和分布方位；二是目标的电磁散射特性(介电特性、极化特性)。因此，目标所成的"像"很大程度上依赖于雷达系统参数，如工作波长、入射角、入射时的极化方向、地物表面粗糙度、地物目标的几何形状和走向、地物材料的复介电常数等。合成孔径雷达主要应用在地形测绘、地质和矿物资源勘探、武器制导和导航等方面(匡纲要等，2007)。与光学和红外等其他传感器相比，合成孔径雷达成像不受天气、光照等条件的限制，可对目标进行全天候、全天时的侦查，但 SAR 图像相干斑噪声严重。由于成像机理的不同，SAR 成像与人的视觉成像有着显著的差异，如不同的地形特征会在图像中呈现一些特殊的现象，包括阴影、透视收缩、叠掩、盲区、迎坡缩短和顶底倒置等。

3.3.2　配 准 模 型

考虑到 HJ-1A/B/C 星不同传感器数据的复杂性等问题，本节主要选用基于特征的图像配准方法实现不同卫星平台传感器的自动配准，在具体实现细节和配准策略上结合 HJ-1A/B/C 星不同传感器进行改进，进而获得具备一定适应性的环境一号星座不同卫星平台传感器的自动配准模型(图 3.20)。

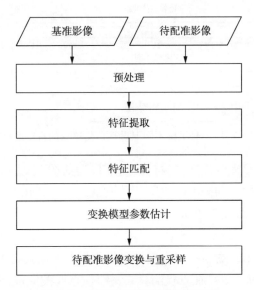

图 3.20　基于特征的图像配准流程

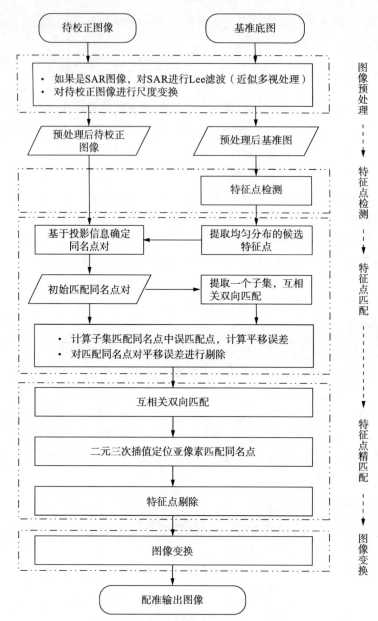

图 3.21　环境一号星座不同卫星平台传感器的自动配准模型

　　环境一号星座不同卫星平台传感器的自动配准模型如图 3.21 所示。为了保证环境一号星座不同卫星平台传感器的自动配准的通用性，模型整体上采用基于特征的图像配准思路，在不同的步骤结合 HJ-1 星数据特点进行了特殊设计。

　　图像预处理主要涉及 SAR 滤波技术、尺度变换技术。SAR 滤波抑制 SAR 图像的相干斑噪声，实施过程中采用 Lee 滤波；尺度变换确保相似性测度具备可比性；特征点检测主要涉及 FAST 算子、SIFT 算子等特征点检测算法；特征点匹配完成同名点对初匹配，主要涉及金字塔构建、互信息/互相关匹配；特征点精匹配剔除错误匹配同名点对，确保匹配同名点对均为正确且精度达亚像素的同名点对，主要涉及亚像素插值、RANSAC 等粗差剔除方法；图像变换基于同名点对完成图像的纠正及重采样，变换模型主要包括 TIN 以及仿射变换、多项式等全局模型。

3.3.3　模 型 特 点

1. 充分利用遥感图像投影信息

经过辐射校正和系统几何校正后得到的将图像映射到指定的地图投影坐标下的产品数据称为遥感图像的 2 级产品。通常我们处理的就是这一阶段的遥感图像数据，此时遥感图像上每一点的图像坐标与对应的地面坐标之间都有唯一的变换关系即构象方程。因此在地图投影系统相同时，对于两幅图像 A 和 B 而言，地物点 P 在两幅图像上的投影 p_1 和 p_2 存在如下的对应关系：

$$p_1(x,y) = p_2(x,y) \cdot T_2^{-1} \cdot T_1 \tag{3.44}$$

式中，T_1 和 T_2 分别为地物点 P 从大地坐标系到图像坐标系之间的变换关系(图 3.22)。

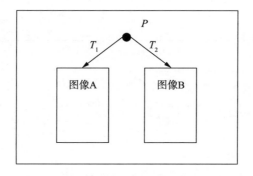

图 3.22　地物点的与图像点的空间关系

从上式可以知道，只要知道图像坐标系与大地坐标系之间的投影关系即可得到待配准的图像对之间的几何变换关系，进而可以实现图像对之间的粗配准。

通常，系统几何校正定位误差比较大，且主要为平移误差。算法模型利用遥感图像投影信息的步骤包括：

（1）运用特征点提取算法，结合三角网纠正模型对同名点对分布均匀度的要求，在基准图上提取特征点。

（2）利用遥感图像投影在待校正图像上确定相应的初始同名点。

（3）在对一部分初始同名点进行匹配后获取图像平移误差，对所有初始同名点进行修正，供下一步配准步骤使用。

2. 特征匹配采用子集与金字塔相结合的方法

为保证平地和山地的图像配准精度，实验选取的初始同名点对相当密集，为减小计算量，算法模型选取初始同名点的一个子集进行特征匹配以减小计算量。通过对 HJ-1A/B/C 卫星数据分析比对，在时间间隔不是很大的情况下，图像自带投影信息针对不同平台不同载荷的定位精度有很大不同：

 （1）同平台同载荷间投影信息定位精度在 20 个像素以内。

 （2）同平台不同载荷间投影信息定位精度在 30 个像素以内（相对于低分辨率影像）。

 （3）不同平台同载荷间投影信息定位精度在 50 个像素以内。

 （4）不同平台同载荷间投影信息定位精度在 50 个像素以内（相对于低分辨率影像）。

 为此，匹配过程中采用金字塔匹配的方式减小匹配搜索范围，提高匹配速度，如图 3.23 所示。针对投影信息定位精度不是很大的情况，金字塔可仅为 1 层（不建立金字塔）。

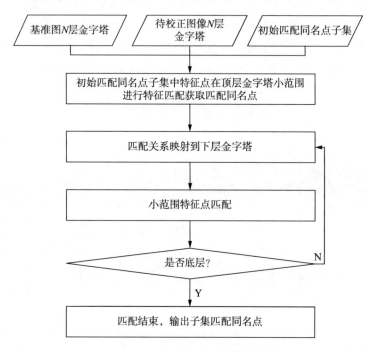

图 3.23　金字塔匹配流程

3. 采用了亚像素插值与 RANSAC 粗差剔除相结合的方式

 经平移误差剔除后，同名点对的匹配精度达到几个像素，特征点精匹配完成同名点对的亚像素配准，其流程如图 3.24 所示，涉及的算法主要包括互相关、二元三点插值和 RANSAC 特征点剔除。

 1）互相关

 目前，常用的影像匹配算法按照匹配的基元可以划分为以下几类：基于灰度相关的匹配算法、基于特征相关的匹配算法和基于影像理解和解译的匹配算法等。其中，基于灰度相关的匹配算法由于算法简单、易于实现得到了广泛应用。

 灰度归一化互相关算法是基于灰度相关匹配算法中最常用的算法，经过去均值和归一化处理后的相关系数对图像对比度、明暗变得不敏感，使得归一化互相关系数更可靠、适应性更强。归一化互相关系数的定义如下：

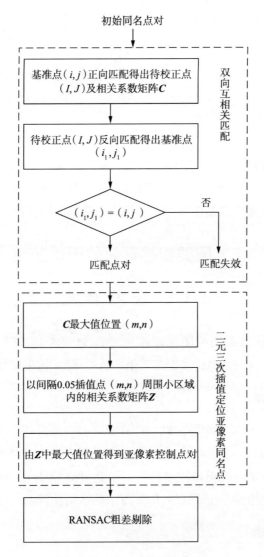

图 3.24　特征点精匹配流程

$$C(A,B) = \frac{\sum_i \sum_j \left[(A_{i,j} - \bar{A})(B_{i,j} - \bar{B}) \right]}{\sqrt{\sum_i \sum_j (A_{i,j} - \bar{A})^2 \times \sum_i \sum_j (B_{i,j} - \bar{B})^2}} \quad (3.45)$$

式中，A,B 分别代表大小为 $N \times N$ 的参考子图和待配子图；$\bar{A}$，$\bar{B}$ 分别为二维矩阵 A,B 的均值。

由归一化互相关的定义可知，相关系数 $C(A,B)$ 最大值时对应的位置即为两幅图像的匹配位置。

2）二元三点插值

插值是寻找亚像元匹配点的一种有效可行的方法。当前二元插值算法的研究已非常成熟，二元三点拉格朗日插值算法因其高效性在实际的工程中应用较多，其计算公式如下：

$$z(u,v) = \sum_{i=p}^{p+2} \sum_{j=q}^{q+2} \left[\prod_{k=p,k\neq i}^{p+2} \frac{x-x_k}{x_i-x_k} \right] \left[\prod_{l=p,l\neq j}^{q+2} \frac{y-y_k}{y_j-y_l} \right] \tag{3.46}$$

二元三次插值的计算过程为：选取最靠近插值点 (u,v) 的 9 个结点，其两个方向上的坐标分别为 $x_p < x_{p+1} < x_{p+2}$ 及 $x_q < x_{q+1} < x_{q+2}$；然后用二元三点插值公式计算点 (u,v) 处的近似值。

3）RANSAC 控制点粗差剔除

RANSAC 算法从随机抽取的 N 组样本中找出最优的抽样，并根据最优抽样来选择参与最后计算的原始数据，是当前被广泛采用的粗差剔除算法。本节选择 RANSAC 算法剔除精匹配得到的同名点对中误差大的匹配点对，提纯更为准确的同名控制点对。

3.4　同类传感器间的图像配准

3.4.1　配　准　特　点

HJ-1A/B/C 星同类传感器间的图像配准主要指 HJ-1A 的 CCD 相机数据与 HJ-1B 的 CCD 相机数据配准、HJ-1C 的 SAR 数据与其他平台的 SAR 数据配准。

1. CCD 图像间的配准

CCD 图像间的配准是对具有重叠区域的两幅或多幅图像进行配准。以两幅 CCD 图像间的配准为例，这两幅 CCD 图像是同一 CCD 传感器或不同 CCD 传感器对同一场景所成的像，都反映了重叠区域对同一波段的电磁波谱特性，因此两幅 CCD 图像间的配准具有一般图像配准的性质，CCD 纹理清晰、特征明显，匹配方法的适用性较强。

2. SAR 图像间的配准

SAR 图像由于相干斑噪声严重，斑点效应的存在使图像的空间分辨率降低，信噪比下降，破坏了图像的细节信息，使 SAR 图像的可解译能力变差；严重的斑点效应造成图像模糊，甚至图像特征消失。斑点噪声的存在使 SAR 图像的滤波技术面临挑战：一方面，要滤除大量的斑点噪声；另一方面，要尽可能地保持图像中更多有用的细节信息。因此，在对 SAR 图像进行配准之前，为了抑制和克服 SAR 图像中斑点噪声对图像质量的影响，需要对 SAR 图像进行滤波预处理；在配准时，需要考虑何种特征可满足配准需求。

上述同类传感器图像间由于成像时间、传感器参数等的不同，图像在经过几何校正之后，根据投影信息定位误差可能达到几十个像素甚至上百个像素。这都给图像配准带来了一些困难，同类传感器间的图像配准需要解决的主要问题包括：

（1）针对不同平台的情况，如何克服不同平台误差影响。

（2）针对投影信息定位误差几十个像素的情况，如何在减小计算复杂度的情况下，将配准精度提高到亚像素级。

3.4.2　配 准 方 法

配准方法主要基于环境一号星座不同卫星平台传感器的自动配准模型进行设计实现，结合投影信息、特征点检测、特征点匹配、特征点精匹配、图像变换等步骤实现图像配准。具体实现过程中，针对 CCD 图像间的配准、SAR 图像间配准的特点，配准方法进行了有针对性的改变。

1. CCD 图像间的配准

在特征点检测阶段优先采用 Fast、Harris、Susan 等速度较快的角点检测算法。特征匹配阶段无需建立多层金字塔(投影信息获取的定位精度差异不大)。

2. SAR 图像间的配准

预处理阶段进行 Lee 滤波，在特征点检测阶段优先采用 SIFT 等特征描述符，可考虑 Fast、Harris、Susan 等速度较快的角点检测算法。特征匹配阶段无需建立多层金字塔(投影信息获取的定位精度差异不大)。

3.4.3　实 验 结 果

1. 测试数据

测试数据为：
基准图：HJ1A-CCD1-1-68-1. tif，大小为 1781×1698(图 3.25)；

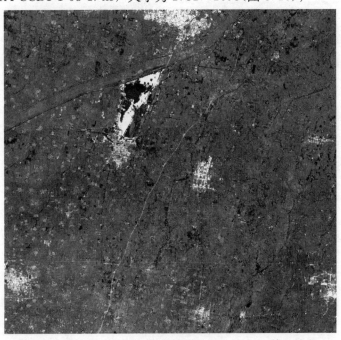

图 3.25　HJ1A 星 CCD1 参考影像(1781×1698)(第一波段)

待配准图：HJ1A-CCD2-3-68-1. tif，大小为 2051×2037（图 3.26）。

图 3.26　HJ1A 星 CCD2 待配准影像（2051×2037）（第二波段）

2. 测试结果（图 3.27）

图 3.27　CCD 间影像配准结果（1781×1698）

3. 结果分析

比例尺为 200％的影像结合处无明显突变，配准误差为 1 个像元以内，满足指标要求（图 3.28）。

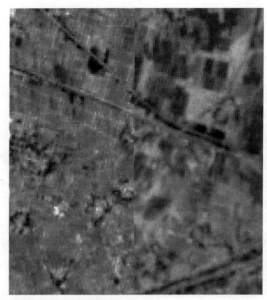

图 3.28　CCD 间影像配准结合处（200％比例尺）

3.5　异类传感器间的图像配准

3.5.1　配 准 特 点

HJ-1A/B/C 星异类传感器间的图像配准主要指 HJ-1A 的 CCD 相机和高光谱相机数据配准、HJ-1B 的 CCD 相机与红外相机数据配准、HJ-1A 的高光谱数据与 HJ-1B 的红外多光谱相机数据配准以及 HJ-1A 或 HJ-1B 的 CCD 相机数据与 HJ-1C 的 SAR 数据配准。

1. CCD 与高光谱图像配准

CCD 图像是 CCD 传感器获取的 4 个波段数据，而高光谱成像仪有 120 个波段，波段范围覆盖了 $0.4\sim0.96\,\mu m$，这两种图像反映了目标在不同电磁波段的特性。CCD 图像具有较高的空间分辨率，高光谱图像则具有较高的光谱分辨率。近年来高光谱图像以其丰富的光谱信息，在多传感器图像处理工作中发挥了重要的作用，CCD 图像与高光谱成像仪图像的配准则是其中的一个重要方面。这两种图像的配准在具有一般多传感器配准工作特点的同时，也具有其特殊性：

首先，两种图像传感器工作在不同的波段。CCD 图像的成像波段有蓝、绿、红及近红外 4 个波段，而高光谱成像仪有 120 个波段，波段范围覆盖了 $0.4\sim0.96\,\mu m$。它们反映了图像不同的电磁波谱信息。

其次，两种图像具有不同的分辨率优势。CCD 图像具有较高的空间分辨率(30 m)，而高光谱图像则具有较高的光谱分辨率，已经达到 10 nm。

最后，CCD 图像每个像素通常是标量(灰度图像)或由 3 个元素组成的向量，而高光谱图像每个像素通常是有几百个元素组成的向量。

2. CCD 与红外图像配准

CCD 图像是通过目标反射和散射太阳光中的可见光和近红外波段的电磁波到传感器产生的，而红外图像是通过目标热辐射或者目标反射或散射太阳光中的红外波段电磁波产生的。两种图像在不同的光谱波段成像，具有不同的成像机理，反映了目标不同方面的性质，因此充分利用两种类型图像的信息对我们理解目标特性有着至关重要的作用，所以可见光和红外两种不同类型图像的配准工作显得尤为重要。

虽然这两种图像的配准具有一般多传感器图像配准的特点，但有其特殊性。

首先，红外与可见光图像之间的一个重要区别就是对比度，可见光图像对比度相对较高，红外图像对比度相对较低，且可以在一个很大的范围内变化。

其次，由于成像原理的差异，两种图像反映的是目标不同方面的性质，在可见光图像中存在的特征在红外图像中不一定存在，反过来也一样。

再次，红外图像空间分辨率相对较低(300 m)，可见光/近红外图像空间分辨率相对较高(30 m)。

最后，同一红外传感器对同一目标在不同时段产生的图像也不同，对比度变化较大。在一个时段产生的图像中对比度较高的目标在另一个时段产生的图像中对比度可能较低，甚至不存在。

3. 红外与高光谱图像配准

红外图像是红外传感器在红外波段获得的，而超光谱成像仪图像是在电磁波谱的可见光、近红外波段获得的，这两种图像反映了目标在不同电磁波段的特性。超光谱成像仪图像则具有较高的光谱分辨率，能反映目标的细微光谱差别，很多在其他图像中不能区分的目标在高光谱图像中很容易区分，而红外图像不仅能反映目标在红外电磁波段的特性，而且能反映目标的热辐射特性，这是高光谱图像所不具有的能力。热红外图像与高光谱图像的互补特性，使得超光谱图像与红外图像的配准具有十分重要的意义。这两种图像的配准在具有一般多传感器配准工作特点的同时，也具有其特殊性：

首先，两种图像传感器工作在不同的波段。热红外图像的成像波段一般在热红外波段，而超光谱成像仪图像的成像范围在电磁波谱的可见光、近红外波段，它们反映了图像不同的电磁波谱信息。

其次，超光谱成像仪图像则具有很高的光谱分辨率和较高的空间分辨率，红外图像的光谱分辨率和空间分辨率则相对较低。

4. CCD 与 SAR 图像配准

由于 CCD 图像和 SAR 图像成像机理和工作波段的不同，使得它们具有以下不同点：

第一，从成像原理来看，雷达图像在整个测绘地带的比例尺基本相同，而光学图像越斜压缩越厉害；雷达图像分辨率或比例尺和载机飞行高度和作用距离无关，但光学图像与之有关。

第二，从成像方式来看，SAR 一般是正侧视成像，雷达波束以一定的俯角射向被测绘的地物，使得侧视 SAR 图像具有阴影、迎坡缩短、顶底倒置等固有特征，这些特征虽然对图像造成一定的影响，但是在某些情况下，合理应用阴影等现象求得的坡度和目标高度却能作为解译的重要特征。

第三，SAR 图像相干斑现象严重，主要表现为纹理，其中小纹理是雷达回波矢量在空中相干叠加生成的，属于斑块噪声，应予以抑制，而中大纹理则主要反映各种类别的地物特征信息，是纹理分析研究的对象，应予以保留。

第四，SAR 图像反映的是被测地物对电磁波的散射特性，只有电磁散射特性相同的地物，才能获得相同的图像灰度，一般而言，SAR 图像比在白天拍摄的光学图像有更多的零值区和饱和区。

第五，SAR 图像纹理也比光学图像丰富，与光学图像相比，SAR 图像地物轮廓比较清晰，有较好的对比度，并能呈现更多的细节。在区分邻近特征能力方面，也强于光学图像。

最后，SAR 图像中目标对系统参数和目标姿态角敏感，不同的姿态角，目标的像区别比较大，因此 SAR 图像的目标不变特征提取困难。

3.5.2　配 准 方 法

配准方法主要基于环境一号星座不同卫星平台传感器的自动配准模型进行设计实现，结合投影信息、特征点检测、特征点匹配、特征点精匹配、图像变换等步骤实现图像配准过程。具体实现过程中，针对 CCD 与超光谱图像配准、CCD 与热红外图像配准、热红外与超光谱图像配准、CCD 与 SAR 图像配准的特点，配准方法进行了有针对性的改变。

1. CCD 与高光谱图像配准

需要进行尺度变换，在特征点检测阶段优先采用 Fast、Harris、Susan 等速度较快的角点检测算法。在以高光谱图像为基准图像时，特征匹配阶段无需建立多层金字塔（投影信息获取的定位精度相对于低分辨率影像差异不大）；在以 CCD 图像为基准图像时，特征匹配阶段建立两层金字塔。

2. CCD 与红外图像配准

需要进行尺度变换，CCD 为基准地图时，采用 Fast、Harris、Susan 等速度较快的角点检测算法，特征匹配阶段建立两层金字塔；红外图像为基准底图时，优先采用 SIFT 等特征描述符，可考虑 Fast、Harris、Susan 等速度较快的角点检测算法特征匹配阶段可不建立多层金字塔（投影信息获取的定位精度相对于低分辨率影像差异不大）。

3. 红外与高光谱图像配准

需要进行尺度变换，高光谱为基准底图时，采用 Fast、Harris、Susan 等速度较快的角点检测算法；红外图像为基准底图时，优先采用 SIFT 等特征描述符，可考虑 Fast、Harris、Susan 等速度较快的角点。特征匹配阶段无需建立多层金字塔。

4. CCD 与 SAR 图像配准

需要进行尺度变换，SAR 预处理阶段进行 Lee 滤波，在特征点检测阶段优先采用 SIFT 等特征描述符，可考虑 Fast、Harris、Susan 等速度较快的角点检测算法。特征匹配阶段需建立三层金字塔。

3.5.3　实　验　结　果

1. HJ-1A 星 CCD 与超光谱配准精度

1）测试数据

测试数据为：

基准图：HJ1A-CCD1-3-68-20090526-L20.img，大小为 2224×2091（图 3.29）；

待配准图：HJ1A-HSI-3-67-A1-20090526-L20000119477.tif，大小为 657×621（图 3.30）。

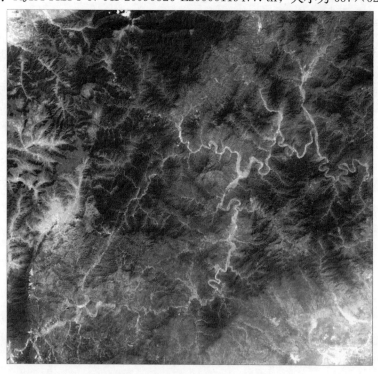

图 3.29　HJ-1 星 CCD 参考影像（2224×2091）（第一波段）

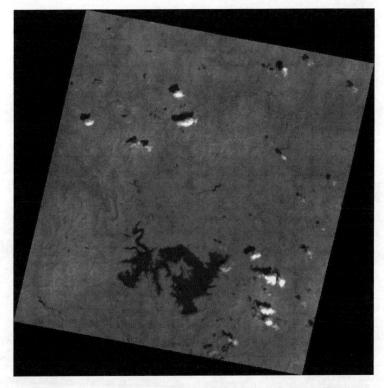

图 3.30 HJ-1 星超光谱待配准影像（657×621）（第 70 波段）

2）测试结果（图 3.31）

图 3.31 CCD 与高光谱配准结果影像（2224×2091）

3）结果分析

比例尺为 200％的影像结合处无明显突变，配准误差为两个像元以内，满足指标要求（图 3.32）。

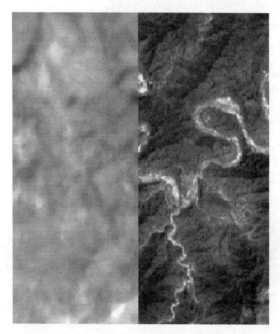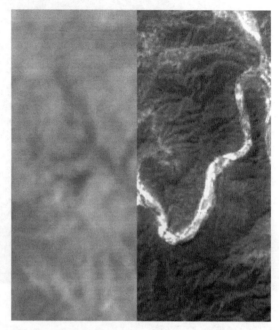

图 3.32　CCD 与高光谱配准影像结合处（200％比例尺）

2. HJ-1B 星 CCD 与红外配准精度

1）测试数据

测试数据为：

基准图：hj1b-ccd2-3-76-20100319.img，大小为 15857×13656（图 3.33）；

待配准图：hj1b-irs-1-77-20100319.img，大小为 6060×5334（图 3.34）。

图 3.33　HJ-1B 红外参考影像(6060×5334)(第二波段)

图 3.34　HJ-1B 星 CCD 待配准影像(15857×13656)(第一波段)

2）测试结果（图 3.35）

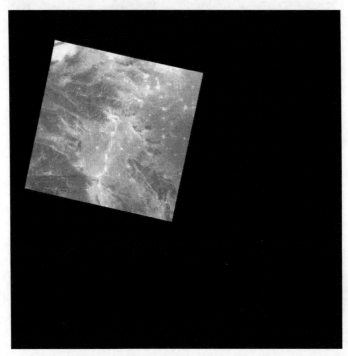

图 3.35　红外与 CCD 配准结果影像（6060×5334）

3）结果分析

比例尺为 200％的影像结合处无明显突变，配准误差为 2 个像元以内，满足指标要求（图 3.36）。

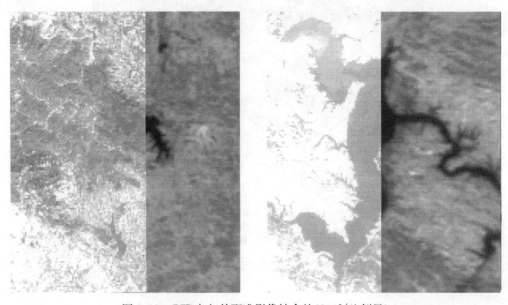

图 3.36　CCD 与红外配准影像结合处（200％比例尺）

3. HJ-1A 星超光谱与 HJ-1B 星红外配准精度

1）测试数据

测试数据为：

基准图：HJ1A-HSI-1-65-A2-20090610-L20000126169. tif，大小为 602×597（图 3.37）；

待配准图：HJ1B-IRS-4-63-20090624-L20000132915-1. tif，大小为 6018×5434（图 3.38）。

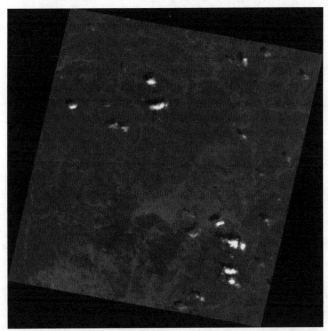

图 3.37　HJ-1A 超光谱参考影像（602×597）（第 70 波段）

图 3.38　HJ-1B 红外待配准影像（6018×5434）（第二波段）

2) 测试结果(图 3.39)

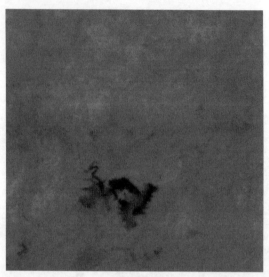

图 3.39 红外与高光谱基准影像配准结果图(602×597)

3) 结果分析

比例尺为 200% 的影像结合处无明显突变,配准误差为 2 个像元以内,满足指标要求(图 3.40)。

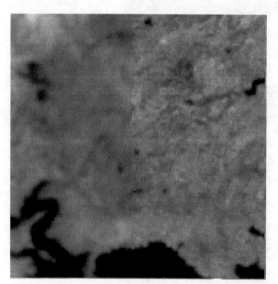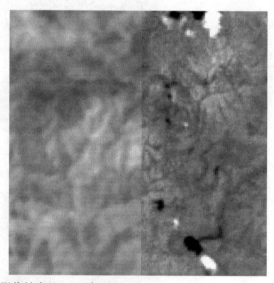

图 3.40 红外与高光谱配准影像结合处(200% 比例尺)

4. HJ-1A/B 星 CCD 与 HJ-1C 星 SAR 配准精度

1) 测试数据

测试数据为:

基准 CCD：p120r032 _ 7p20010903 _ z51 _ nn80. tif，大小为 2300×2300(图 3.41)；
待配准 SAR：PG _ product. tif，大小为 9043×7841(图 3.42)。

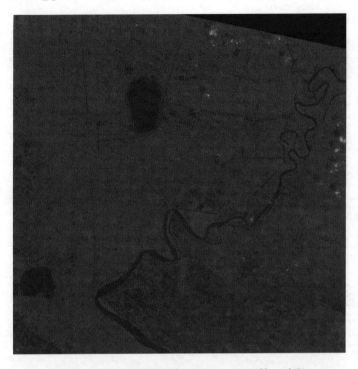

图 3.41　CCD 待配准影像(2300×2300)(第一波段)

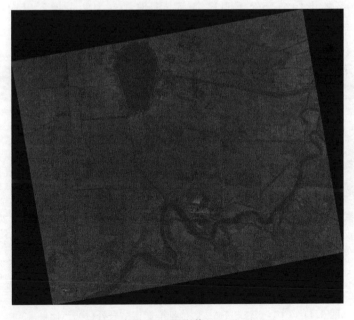

图 3.42　SAR 基准影像(9043×7841)

2）测试结果（图 3.43）。

图 3.43　CCD 与 SAR 影像配准后的结果图（9043×7841）

3）结果分析

比例尺为 100％的影像结合处无明显突变，配准误差为两个像元以内，满足指标要求（图 3.44）。

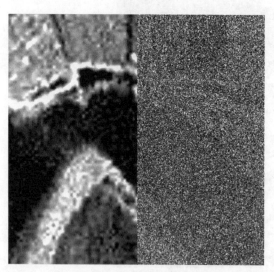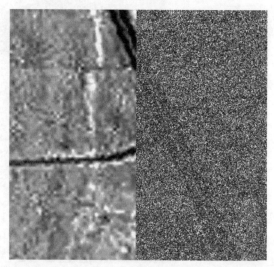

图 3.44　CCD 影像与 SAR 影像配准影像结合处（100％比例尺）

3.6　基于自动影像配准的遥感图像定位和几何精校正技术

几何校正是通过校正模型，利用相关数据[如地面控制点（ground control points，GCP）、数字高程、卫星姿态参数等]对原始卫星影像进行处理，消除其畸变误差的过程。遥感影像的几何校正分为两种：一种是系统几何校正；另一种是几何精校正。系统几何校正基本消除了由卫星姿态带来的畸变误差，使图像具有了初步定位精度。但对于很多对图像的几何位置精度要求较高的应用项目，如制作卫星影像图、多传感器影像的配准和融合等，系统几何校正所提供的图像数据精度还是难以满足要求，需进一步进行几何精校正处理。

传统的几何精校正方法多是基于地面控制点数据库，手动或半自动定位同名点对，利用同名点对建立全局数学模型，重采样得到结果图像。这种方法面临着控制点建库工作量大、自动化程度低、匹配同名点对精度不够，难以纠正图像内部畸变等问题。首先，由于缺少自动高效、高精度的遥感图像匹配策略，同名控制点对的提取大多靠人工参与完成，其速度、精度受到操作员的业务水平、工作态度等限制；其次，由于遥感图像几何畸变复杂，误差并非处处相同，由全局校正模型来逼近全图的几何变形会带有一定的局限性，尤其对偏离控制点的区域定位精度影响较大，校正结果图像的精度不能做到全局均匀。

近年来，遥感图像的几何精校正研究正朝着两个方向不断发展：一是依托遥感图像配准技术的发展，不断研究新的控制点匹配算法以提高几何精校正自动化水平；二是将局部校正模型引入几何精校正中，以降低图像内部畸变对定位精度的影响。

采用自动影像配准技术可以较好地解决同名点匹配问题。基于自动影像配准的遥感图像定位和几何精校正技术主要是以高精度的基准图为参考影像，通过影像配准获取高精度匹配同名点，以基准图像携带的地理信息为准，对待校正影像重新进行投影变换。理论上，基于自动影像配准的遥感图像定位和几何精校正技术校正的精度与图像配准精度一致。

3.7　面向数据配准的遥感数据空间分辨率转换方法

3.7.1　从低空间分辨率到高空间分辨率的尺度变换算法

传统的信号分析是建立在傅里叶变换的基础之上的，在众多科学领域，特别是在信号处理、图像处理、量子物理等方面，傅里叶变换是重要的应用工具之一。小波分析是傅里叶分析思想方法的发展与延拓。它既继承和发展了短时傅里叶变换的局部化思想，又克服了窗口大小不随频率变化的缺点，是进行信号时频分析、处理时变非稳态信号比较理想的工具。

1. 图像小波变换的实现技术

1）一维信号的 Mallat 算法

设 V_j 是分辨率为 2^{-j} 的信号空间，p_j 是信号 $f(x)$ 在 V_j 的投影，W_j 为 V_j 的正交补空间，D_j 为 $f(x)$ 在 W_j 上的投影。φ 和 Ψ 分别是相应的尺度函数和小波函数。

式中，$\qquad \varphi_{j,n}(x) = 2^{\frac{-j}{2}}\varphi(2^{-j}x - n) \qquad \Psi_{j,n}(x) = 2^{\frac{-j}{2}}\Psi(2^{-j}x - n)$　　(3.47)

P_j 可以表示为 $\qquad P_j f(x) = \sum_{-\infty}^{+\infty}\langle f(u), \sqrt{2^j}\varphi_{j,n}(u)\rangle \sqrt{2^j}\Psi_{j,n}(x)$　　(3.48)

离散信号 $P_j^d f(x) = \langle f(u), \varphi_{j,n}(u)\rangle$ 称为 $f(x)$ 在分辨率 2^{-j} 的离散逼近。D_j 可表示为

$$D_j f(x) = \sum_{n=-\infty}^{+\infty}\langle f(u), \sqrt{2^{-j}}\Psi_{j,n}(u)\rangle \sqrt{2^j}\Psi_{j,n}(x) \qquad (3.49)$$

离散信号 $D_j^d f(x) = \langle f(u), \Psi_{j,n}(u)\rangle$ 称为 $f(x)$ 在分辨率 2^{-j} 的离散细节信号。由于 $\sqrt{2^j}\varphi_{j,n}(x)$ 和 $\sqrt{2^j}\Psi_{j,n}(x)$ 的正交性，$P_j^d f$ 和 $D_j^d f$ 可直接由 $P_{j-1}^d f$ 导出

$$P_j^d f(n) = \sum_{k=-\infty}^{+\infty} h(k - 2n)P_{j-1}^d f(k) \qquad (3.50)$$

$$D_j^d f(n) = \sum_{k=-\infty}^{+\infty} g(k - 2n)P_{j-1}^d f(k) \qquad (3.51)$$

式中，$h(n) = \langle \varphi_{1,0}(u), \varphi(u-n)\rangle \qquad g(n) = \langle \Psi_{1,0}(u), \varphi(u-n)\rangle = (-1)^n h(1-n)$

假设 $h(n)$ 和 $g(n)$ 分别对应的离散滤波器为 H 和 G，$\hat{H}$ 和 $\hat{G}$ 分别为 H 和 G 的镜像滤波器，其冲激响应分别为 $\tilde{h}(n) = h(-n)$ 与 $\tilde{g}(n) = g(-n)$。

从式(3.44)和式(3.45)可以看到，$P_{j-1}^d f$ 经过离散线性滤波 $\hat{H}$ 和 $\hat{G}$，再抽样得到 $P_j^d f$ 和 $D_j^d f$。由此可知，数据的小波变换可以由数据通过高低通滤波器 H 和 G 来实现，如图 3.45 所示。上述的分解过程可以不断重复。

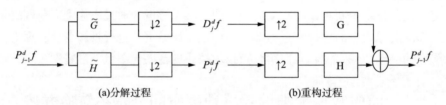

图 3.45　一维小波分解与恢复

2）二维信号的 Mallat 算法

小波变换可以用于图像的小波分解与重建。一个简单而有用的特例是二维可分离模型，此时二维尺度函数 $\varphi(x,y) \in L^2(R^2)$ 可表示为两个一维尺度函数的乘积

$$\varphi(x,y) = \varphi(x)\varphi(y)$$

令 $\Psi(x), \Psi(y)$ 分别为与 $\varphi(x), \varphi(y)$ 相对应的一维小波，则在分辨率 k 层，二维的二进小波可表示为以下 3 个可分离的正交基函数：

$$\begin{aligned}\Psi^1(x,y) &= \varphi(x)\Psi(y)\\ \Psi^2(x,y) &= \Psi(x)\varphi(y)\\ \Psi^3(x,y) &= \Psi(x)\Psi(y)\end{aligned} \qquad (3.52)$$

相应的二维 Mallat 小波分解算法如图 3.46 所示，其中 P_j 对应于 P_{j-1} 的低频部分，为 P_{j-1} 的逼近图像；D_j^1 对应于在水平方向上的细节图像；D_j^2 对应于垂直方向上的细节图像；D_j^3 对应于对角方向上的细节图像。

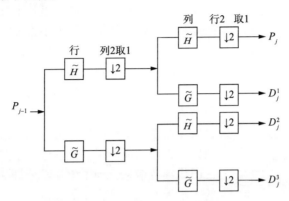

图 3.46 二维小波变换分解的 Mallat 算法

而相应的二维 Mallat 小波重构算法如图 3.47 所示，它是小波分解的逆过程。

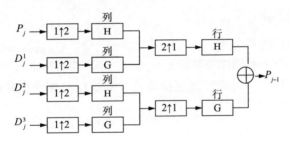

图 3.47 二维小波变换重构的 Mallat 算法

2. 图像分辨率提高算法

对于图像 f，假设 f 是某原图像 f_0 经过小波分解后在尺度 2^j 分辨率层上的平滑逼近部分 $A_{2^j} f_0$。只要求的 $D_{2^j}^1 f_0$，$D_{2^j}^2 f_0$，$D_{2^j}^3 f_0$，f_0，则通过小波合成：

$$A_{2^{j-1}} f_0 = W^{-1}(A_{2^j} f_0, D_{2^j}^1 f_0, D_{2^j}^2 f_0, D_{2^j}^3 f_0)$$

得到比此分辨率更高的图像 $A_{2^{j-1}} f_0$。由于图像的小波变换具有子带间的相似性和幅度衰减等特性，因此可设 $D_{2^j}^k f_0$ 近似为

$$D_{2^j}^k f_0 \approx \alpha_k \cdot I(D_{2^{j+1}}^k f_0) \qquad k=1, 2, 3$$

式中，α_k 为相似因子，通过实验测得，通常取为 0.7 效果较好。I 为线性内插算子，$D_{2^{j+1}}^k f_0$ 是 f 的一次小波分解高频部分，即

$$[A_{2^{j+1}} f_0, D_{2^{j+1}}^1 f_0, D_{2^{j+1}}^2 f_0, D_{2^{j+1}}^3 f_0] = W(f)$$

由于小波变换的抽取作用，$D_{2^{j+1}}^k f_0$ 仅是 $D_{2^j}^k f_0$ 大小的一半，因此通过线性插值使其大小一致。同时，由于提升小波是整数到整数的变换，因此图像变换相对于传统的非整数变换小波而言具有更高的精度。

为了得到图像 f 的分辨率提高图像，在实际中我们选取 $2.25f$ 作为图像小波重构中的低频区域，也就是 $A_{2^{j-1}} f_0 = W^{-1}(1.5f, D_{2^j}^1 f_0, D_{2^j}^2 f_0, D_{2^j}^3 f_0)$

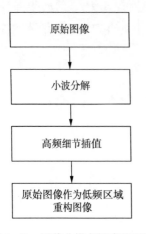

图 3.48　图像分辨率提高流程图

算法实现流程如图 3.48 所示。

从流程图可以看出，整个算法流程可以分为以下几步：

首先，将原始图像通过提升小波进行分解后，每个小波分解系数构成的子图像大小为原始图像的 1/2 大小。

其次，对高频细节图像用三次内插法进行插值，使图像细节信息得到增强。此时高频子图像大小扩大 2 倍。

最后，将原始图像作为小波分解后的低频子图像，再和插值后的高频细节图像一起重构出新的图像。因为是将原始图像作为低频区域，再与细节信息得到增强的高频子图像一起作为新图像的小波分解子图像，所以重构出的新的图像细节信息得到了增强，分辨率得到了提高。新图像的大小为原始图像大小的 2 倍。

3.7.2　从高空间分辨率到低空间分辨率的尺度变换算法

如果将高空间分辨率图像变换为低空间分辨率图像，那么图像尺寸将变小。这一过程也可以理解为是将原始图像的几个像素点用新图像的一个像素点代替，这也是图像插值过程的本质。因此，从高空间分辨率图像变换为低空间分辨率图像可以通过图像插值算法来实现。

常用的图像插值算法有最近邻尺度变换算法、双线性尺度变换算法和双三次尺度变换算法。

1. 最近邻插值

直接取与变换后影像点 $p(x,y)$ 反算后位置最近的原始影像像元 N 的灰度为该点灰度采样值（图 3.49）。

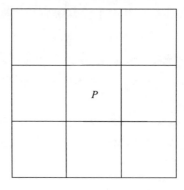

图 3.49

最近邻点的计算公式为

$$f(x,y) = f[\text{INT}(x+0.5), \text{INT}(y+0.5)]$$

2. 双线性插值

该方法是对最近邻插值法的一种改进。插值是依据待插值点的位置和其四角点的灰度综合来确定此点灰度(图 3.50)。

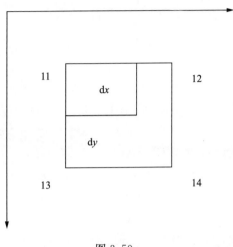

图 3.50

双线性插值算法在一般的计算机上运行要比最近邻法花费更多的时间,且它对于数据中的高频信息具有平滑作用,使影像出现模糊现象,进而可能会降低多光谱分类的质量,但它可以消除最近邻法带来的影像数据中的不连续,而且相对于最近邻法来说,它的精度高(图3.50)。计算公式为

$$I_p = (1 - dx)(1 - dy)I_{11} + (1 - dx)dyI_{12} + dx(1 - dy)I_{21} + dxdyI_{22} \qquad (3.53)$$

3. 双三次插值

双三次卷积法利用三次样条函数作为卷积核,需要使用周围 16 个原始像素参加计算(图3.51)。

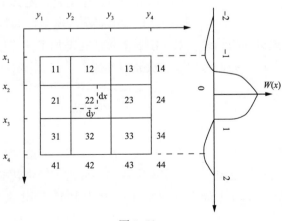

图 3.51

$$W_1(x) = 1 - 2x^2 + |x|^3,\ 0 \leqslant |x| \leqslant 1$$
$$W_2(x) = 4 - 8|x| + 5x^2 - |x|^3,\ 1 \leqslant |x| \leqslant 2 \qquad (3.54)$$
$$W_3(x) = 0,\ |x| \leqslant 2$$

P 点的灰度为

$$I(P) = \sum_{i=1}^{4}\sum_{j=1}^{4} I(i,j) \times W(i,j) \qquad (3.55)$$
$$W_{ij} = W(x_i)W(y_j)$$

式中

$$W(x_1) = W(1+\Delta x) = -\Delta x + 2\Delta x^2 - \Delta x^3$$
$$W(x_2) = W(\Delta x) = 1 - 2\Delta x^2 + \Delta x^3$$
$$W(x_3) = W(1-\Delta x) = \Delta x + \Delta x^2 - \Delta x^3$$
$$W(x_4) = W(2-\Delta x) = -\Delta x^2 + \Delta x^3$$
$$W(y_1) = W(1+\Delta y) = -\Delta y + 2\Delta y^2 - \Delta y^3$$
$$W(y_2) = W(\Delta y) = 1 - 2\Delta y^2 + \Delta y^3$$
$$W(y_3) = W(1-\Delta y) = \Delta y + \Delta y^2 - \Delta y^3$$
$$W(y_4) = W(2-\Delta y) = -\Delta y^2 + \Delta y^3$$
$$\Delta x = x - \mathrm{INT}(x)$$
$$\Delta y = y - \mathrm{INT}(y)$$

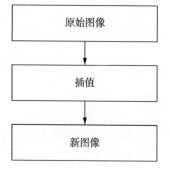

图 3.52　图像分辨率降低算法流程图

分辨率降低算法(图 3.52):最近邻插值算法、双线性插值和双三次插值算法是最为常用的三种插值算法,各具优势。最近邻插值算法计算十分简单,在许多情况下其结果也可令人接受。然而当图像中包含像素之间灰度级有变化的细微结构时,最近邻插值法会在图像中产生人为的痕迹。双线性插值和最近邻插值算法相比可产生令人满意的效果,不过运算复杂度增加。在几何运算中,双线性插值的平滑作用可能会使图像的细节产生退化,尤其是在进行图像放大处理时,这种影响将更为明显。而且,双线性插值算法的斜率不连续会产生不希望得到的结果。双三次插值算法在增加了计算量的同时避免了双线性插值算法存在的问题,因此,我们选用双三次插值算法。

3.7.3　实　验　结　果

尺度变换难点在于转换时细节、边缘、光谱特性的保持。考虑到高分辨率影像向低分辨率影像变换算法简单,这里仅给出了低分辨率影像向高分辨率影像转换结果。

实验数据来自 HJ1A-CCD1-1-68-20090622-L20000131956-1.tif 文件,我们截取其中的一小块(图 3.53)进行实验,对其分辨率提高 1 倍,结果(图 3.54)显示本节尺度变换算法在细节和边缘保持方面均具有较好的效果。

图 3.53　原始图像

图 3.54　放大 1 倍的图像

3.8　本章小结

本章在分析主流配准算法和 HJ-1A/B/C 卫星数据特点的基础上，选用基于特征的图像配准方法构建了具备一定载荷、方法适应性的环境一号星座不同卫星平台传感器的自动配准模型。在具体应用过程中，结合同一传感器不同波段间、同类传感器间和异类传感器间配准特点，形成了相应的配准方法，实验结果表明本章提出的配准模型和方法能够解决 HJ-1 星影像高精度自动配准和几何纠正问题。

参 考 文 献

布和敖斯尔，马建文，王勤学，等．2004．多传感器不同分辨率遥感数字图像的尺度变换．地理学报，59(1)：102－110.

桂志国，韩焱．2004．相位相关配准法及其在射线图像数字减影中的应用．仪器仪表学报，25(4)：520－522.

匡纲要，高贵，蒋咏梅．2007．合成孔径雷达目标检测理论、算法及应用．长沙：国防科技大学出版社．

李峰，周源华．1999．采用金字塔分解的最小二乘影像匹配算法．上海交通大学学报，33(5)：513－515.

李玲玲，李印清．2006．图像配准中角点检测算法的研究与比较．郑州航空工业管理学院学报，25(2)：190－192.

李博，杨丹，张小洪．2006．基于 Harris 多尺度角点检测的图像配准新算法．计算机工程与应用，(35)：37－40.

卢力，王勇涛，田金文，等．2006．基于 SUSAN 算法的遥感图像去云．通信学报，27(8)：160－164.

屈有山，田维坚，李英才，等．2004．基于小波双三次插值提高光学遥感图像空间分辨率的研究．光子学报，33(5)：601－604.

曹晓光，徐林，郁文霞．2006．基于角点检测的高精度点匹配算法．仪器仪表学报，27(6)：1269－1271.

余钧辉，张万昌．2004．一种近似核线影像相关法在遥感图像处理中的应用．计算机应用研究，(7)：239－240.

朱惠萍，黄全义．2002．基于普通数码相机的核线相关法．测绘信息与工程，27(6)：29－30.

章毓晋．2004．图像工程(下)．北京：清华大学出版社．

Broit C. 1981. Optimal registration of deformed images. Philadelphia：University of Pennsylvania.

Bajcsy R，Kovacic S. 1989. Multi resolution elastic matching. Computer Vision，Graphics and Image Processing，46(1)：1－21.

Barrow H G，Tenenbaum，Bolles R C，Wolf H C. 1977. Parametric correspondence and chamfer matching：Two new techniques for image matching. Proceedings of the Fifth International Joint Conference on Artificial Intelligence，Cambridge，Massachusetts，9：659－663.

Bracewell R N. 1965. The Fourier Transform and Its Applications，McGraw-Hill，New York.

Barbara Zitova，Jan Flusser. 2003. Image registration methods：a survey. Image and Vision Computing，11：977－1000.

Berthilsson R. 1998. Affine correlation. Proceedings of the 14th International Conference on Pattern Recognition ICPR′ 98，Brisbane，Australia，2：1458－1461.

Brown L G. 1992. A survey of image registration techniques. ACM Computing Surveys，24(4)：325－376.

Coiras E，Santamaria J，Miravet C. 2000. A segment-based registration technique for visual—ir images. Optical Engineering，39(1)：282－289.

Castro E D，Morandi C. 1987. Registration of translated and rotated images using finite Fourier transform—IEEE Transactions on Pattern Analysis and Machine Intelligence，9：700－703.

Chen Q，Defrise M，Deconinck F. 1994. Symmetric phase only matched filtering of Fourier-Mellin transform for imageregistration and recognition. IEEE Transactions on Pattern Analysis and Machine Intellingence，(12)：1156－1168.

Dana K，Anandan P. 1993. Registration of visible and infrared images. SPIE，1957(2)：2－13.

Dani P，Chaudhuri S. 1995. Automated assembling of images：Image montage preparation. Pattern Recognition，28(3)：431－445.

Fan X F，Rbo H，Saber E. 2005. Automatic registration of multi-sensor airborne imagery. The 34m Applied Imagery and Pattern Recognition Workshop，5：81－86.

Ferrant M，Warfield S K，Guttmann C R G. 1999. 3D image matching using a finite element based elastic deformation model. Proceedings of Second International Conference on Medical Image Computing and Computer-Assited Intervention，London，UK：Springer-Verlag，1679：202－209.

Grevera G J，Udupa J K. 1998. An objective comparison of 3D image interpolation methods. IEEE Transactions an Medical Imaging，17：642－652.

Goshtasby A. 1988. Image registration by local approximation methods. Image and Vision Computing，6：255－261.

Goshtasby A. 1985. Description and discrimination of planar shapes using shape matrices. IEEE Transaction on Pattern Analysis and Machine Intelligence，7(6)：738－743.

Goshtasby A, Stockman G C. 1985. Point pattern matching using convex hull edges. IEEE Transactions on Systems, Man and Cybernetics, 15:631—637.

Harder R L, Desmarais R N. 1972. Interpolation using surface splines. Journal of Aircraft, 9:189—191.

Hertzmann A, Analogies A. 2001. Computer Graphics. New York: Siggrah ACM Press, 327—340.

Hu M K. 1962. Visual pattern recognition by moment invariants. IRE Transactions on Information Theory, 8(2):179—187.

Konstantinos G Derpanis. 2004. The Harris Corner Detector.

Keren D, Peleg S, Brada R. 1988. Image Sequence Enhancement Using Sub-pixel Displacement. Proceedings of IEEE Conference on Computer Vision and Pattern Recognition, IEEE CVPR, 88:742—746.

Kim S P, Bose N K, Valenzuela H M. 1990. Recursive Reconstruction of High Resolution Image from Noisy Undersampled MultiFrames. IEEE Trans. on Speech Signal Processing, 38(6):1013—1027.

Li H, Zhou Y T. 1996. Automatic visual/infrared image registration. Optical Engineering, 35(2):391—400.

Li Xiao-ming, Zhao Xun-po, Zheng Lian, et al. 2006. An image regis tration technique based on Fourier-Mellin transform and its extended applications. Chinese Journal of Computers, 29(3):116—122.

Patti A J, Sezan M I, Tekalp A M. 1997. Superresolution Video Reconstruction with Arbitrary Sampling Lattices and Non-zero Aperture Time. IEEE Trans, on Image Processing, 6(8):1064—1076.

Parker J A, Kenyon R V, Troxel D E. 1983. Comparison of interpolating methods for image resampling. IEEE Transactions on Medical Imaging, 2:31—39.

Persoon E, Fu K S. 1977. Shape discrimination using Fourier descriptors. IEEE Transactions on Systems, 7(3):170—179.

Roche A, Malandain G, Pennec X, et al. 1998. The correlation ratio as a new similarity measure for multimodal image registration. Proceedings of the First International Conference on Medical Image Computing and Computer-Assisted Intervention (MICCAI'98), Lecture Notes in Computer Science, Cambridge, USA, 1496:1115—1124.

Stephen M. 1997. Susan-a new approach to low level image processing. International Journal of Computer Vision, 23(1):45—78.

Schultz R R, Meng L, Stevenson L. 1998. Subpixel Motion Estimation for Superresolution Image Sequence Enhancement. International Journal of Visual Communication and Image Representation, 9(1):38—50.

Stockman G, Kopstein S, Benett S. 1982. Matching images to models for registration and object detection via clustering. IEEE Transactions on Pattern Analysis and Machine Intelligence, 4:229—241.

Simper A. 1996. Correcting general band-to-band misregistrations. Proceedings of the IEEE International Conference on Image. Processing ICIP' 96, Lausanne, Switzerland, 2:597—600.

Thevenaz P, Unser M. 1996. A pyramid approach to sub-pixel image fusion based on mutual information. Proceedings of the IEEE International Conference on Image Processing ICIP' 96, Lausanne, Switzerland, 1:265—268.

Teodosio L, Bender W. 1993. Content and Centext Preserved. ACM Int. Multimedia, 10(2):39—46.

The'venaz P, Unser M. 1998. An efficient mutual information optimizer for multiresolution image registration. Proceedings of the IEEE International Conference on Image Processing ICIP' 98, Chicago, I:833—837.

Viola P, Wells W. 1997. Alignment by maximization of mutual information. International Journal of Computer Vision, 24(2):137—154.

第4章 环境一号卫星CCD相机
云检测与大气订正

对地观测遥感器获得的信号是地面信号和大气信号的叠加，大气信号在对陆地遥感时可占到总信号的50%以上，对水体遥感时更可达总信号的90%以上。大气影响不仅造成成像遥感器图像模糊、对比度下降以及细节损失，还使后继的地表反射率、光合作用有效辐射、叶绿素浓度等定量化反演结果严重偏离真值。因此，进行大气订正是环境一号卫星遥感影像定量化应用中必不可少的重要环节。

本章基于环境一号卫星CCD相机，在分析云特性的基础上提出了云检测算法，并给出实验结果及分析。重点面向基于环境一号卫星的环境遥感监测的需要，开展针对污染水体和城市下垫面的高精度大气校正方法研究。

4.1 云检测方法

在利用航天遥感手段获取地球空间信息的过程中，云是光信号传播的严重障碍，在很大程度上影响遥感信息获取的质量，从而降低了数据的利用率。云和晴空的判断是进行大气校正获取地表反射率的必要前提，其分类的正确与否将会直接影响到地表及其他参数的反演结果。因此采用实时有效的云检测方法，剔除遥感影像上云覆盖区域，是缓解遥感图像海量数据对传输通道的压力，增加遥感数据利用率的一个重要途径，也是大气校正前，影像预处理中的一个重要环节。

4.1.1 云特性分析

1. 卫星影像上各类云的识别

卷云：卷云的高度最高，主要由冰晶组成。在可见光影像上，卷云的反照率低，呈灰-深灰色；若可见光影像上卷云呈白色，则说明其云层很厚，或与其他云相重叠；在热红外影像上，由于卷云云顶温度比其他云都要低，呈白色，它与地表、中低云间形成明显的反差，故在红外影像上容易辨认。

中云(高层云和高积云)：中云是由微小水滴、过冷水滴或者与冰晶、雪晶混合而组成。由于云区内厚度不一，在可见光影像上，中云的色调较暗，且出现明暗交替的亮区和暗影区；在红外云图上，中云呈现灰色，较厚的中云呈浅灰色。

层云：在可见光云图上，层云表现为光滑均匀的云区；色调白到灰白，若层云厚度超过300 m，其色调很白；层云边界整齐清楚，与山脉、河流、海岸线走向相一致。在红外云图上，层云色调较暗，与地面色调相似。

积云、浓积云：在可见光云图上积云、浓积云的色调很白，但由于积云、浓积云高度不一，在红外云图上的色调可以从灰白到白色不等，纹理不均匀，边界不整齐。

积雨云：无论可见光还是红外云图，积雨云的色调最白；当高空风小时，积雨云呈圆形，高空风大时，顶部常有卷云砧，表现为椭圆形。

2. 星影像上云的光谱特征

云覆盖地球表面 50% 左右，对地气系统的辐射收支起着重要的调节作用。云与地表辐射的相互作用在很大程度上决定着地球大气系统的辐射收支平衡，而辐射能的收支是大气和海洋运动的主要驱动力。就云的辐射作用而言，一方面云吸收和散射入射的太阳辐射，它对太阳辐射较高的反射率起到了冷却地气系统的作用，这就是云的"反照率效应"；另一方面，云又捕获地表和对流层下层发射的红外热辐射，以它自身较低的温度和发射率向外射出热辐射，起着加热地气系统的作用，这就是云的"温室效应"。

3. 在可见光波段的光谱特征

卫星传感器在可见光谱段 $(0.38 \sim 0.74 \, \mu m)$ 捕捉来自地面、云面等反射的太阳辐射，反射太阳辐射决定于入射到目标物的太阳辐射及目标物的反射率两个因素。在一定的太阳高度角下，物体的反射率愈大，则卫星接收到的辐射越大，因此物体在影像上的色调就越白；反之，反射率愈小，辐射越小，色调越暗。

对于云而言，云在可见光波段的反射率决定于云的光学厚度。云的厚度越大，则其反射率越大，因此，云在可见光影像上的色调就越白。表 4.1 给出了卫星影像上得到的各种云的平均反射率。在可见光影像上，目标物的色调还与太阳高度角有关，太阳高度角低，光照条件差，图片色调偏暗；太阳高度角大，光照条件好，图片的色调较明亮，物像间的反差较大。

表 4.1　不同云的平均反射率

云类	主要特征	反射率/%
1. 积雨云	大而厚	92
2. 积雨云	小，云顶在 6 km 左右	86
3. 卷层云	厚度厚，下面有中低云降水	74
4. 积云、层积云	陆地上覆盖面积>80%	69
5. 层云	洋面上，云厚约 0.5 km	64
6. 层积云	洋面上成片出现	60
7. 层云	薄，洋面上	42
8. 卷云	单独在陆地上	36
9. 卷层云	单独在陆地上	32
10. 晴天积云	出现在陆地上，云量>80%	29

4.1.2　CCD 相机云检测

环境一号卫星(HJ-1)CCD 相机以及超光谱成像仪(HIS)波段设置在可见光与近红外波段范围，两类数据的云识别便是根据云在可见光和近红外波段的反射率明显高于植被、土壤、水体等下垫面的特征，从反射率的差异出发识别云。对于 HJ-1 星数据而言，CCD 相机第三波段($0.63\sim0.69\ \mu m$)以及第三波段($0.63\sim0.69\ \mu m$)与第四波段($0.76\sim0.90\ \mu m$)的 NDVI 可以较好地检测出影像上的云像元。

目前做得最多的是对 MODIS 数据的云识别处理，大多数的实验是针对 MODIS 数据的波宽以及通道来实现的。对于云的光谱特性，在可见光和近红外波段，大多数地表反射率随波长的增加而增加(除雪面以外，因为雪在可见光波段的反射率相对高并且变化小，而在近红外波段其反射率有所减小)。云的反射率在这个波段变化很小。

在 HJ-1 星的 CCD 数据的 $0.63\sim0.69\ \mu m$ 的可见光波段，晴空条件下的地物具有较低的反射率值，柳钦火等通过对 HJ-1 星的 CCD 数据进行大量的实验统计得出，云像元在红光波段的反射率值一般大于 0.2，本节根据该阈值，来识别判断云像元。

在 CCD 数据的 $0.76\sim0.90\ \mu m$ 近红外通道，云也有较高的反射率，可是对于一些裸地、沙化地或者贫瘠地以及植被也会有与云相似的反射率，单独使用该波段很难将云像元识别。但研究发现，云在可见光和近红外通道的反射率很接近(见彩图 31)，但水体、植被差异则很大，如果利用 NIR/R 比值区别用于判断云边界，大量的实验发现该方法易将某些陆地、海岸带误判。因此，在本实验中，利用 NDVI 阈值的设定进行海岸带数据的恢复，提高云检测的精度，为后面的地表参数反演提供前提与基础。

对于云阴影的检测一直是云检测中的一个难点，由于太阳高度角和方位角、云边缘分布和云高度的变化等多种原因，云阴影难以自动识别，要从影像上剔除云阴影，人为主观性较强，给后续工作的开展也带来一定的难度。刘玉洁等提到利用 MODIS 数据的 $3.9\ \mu m$ 和 $4.0\ \mu m$ 波段的亮度温度差大于 0 可以进行阴影检测，但在 HJ-1 的 IRS 数据波段存在局限性，并不能进行更好地云阴影判别，同时给本实验的云阴影剔除带来一定的困难。

HJ-1 星 CCD 传感器以及高光谱传感器(HIS)波段设置在可见光与近红外波段范围，两类数据的云识别便是根据云在可见光和近红外波段的反射率明显高于植被、土壤、水体等下垫面的特征，从反射率的差异出发识别云。

1. 云检测算法

结合 HJ-1 星的 CCD 数据各通道的波谱特征，采用多特征阈值检测法识别云像元，主要采用了可见光反射率特征以及通道间的组合特征，具体的特征算法选择如下：

(1) $R_{B3} > C1$。$C1$ 为云像元识别的下限值，$C1$ 值设定为 0.2；R_{B3} 为第三波段的反射率值。

(2) 定义 NDVI：$NDVI = (R_{B4} - R_{B3})/(R_{B4} + R_{B3}) > C2$

$C2$ 为 NDVI 的下限值，$C2$ 值设定为 -0.015。R_{B3}，R_{B4} 分别为第三波段和第四波段的反射率值。

HJ-1 星多阈值云检测流程如图 4.1 所示。

2. 云检测算法实验结果

根据上述 HJ-1 星云检测算法，利用 IDL 汇编软件对算法进行实现，云检测软件只需输入 HJ-1 星 CCD 相应波段，即可实现云像元的自动判识。其中部分检测结果如彩图 32。

从检测结果可以看出，该算法流程可以很好的检测出 HJ-1 星影像上的云像元，尤其是在下垫面为植被、裸土、水体时的云域，但是在云边缘、薄云区域去云效果较差，这主要是因为云边缘、薄云区云的光学厚度较小，地面反射辐射的太阳能量穿越了薄云区域，卫星传感器所记录的信号不仅仅是地面地物光谱特性，同时受到薄云的扰动影响，因此仅利用阈值法检测效果较差。另外由于当下垫面为雪域或者沙漠地区时，由于其反射率与云层反射率较为接近，其值都较大，因此在利用第三波段和归一化植被指数综合判断云像元时，不能较好地去除其上空的云层，误差较大。以后可以尝试结合 IRS 相机的热红外通道，利用云在热红外通道的亮度温度低于雪域或者沙漠的光谱特性，将其分开。

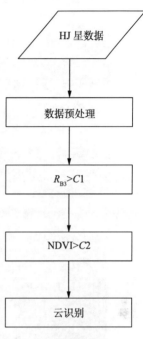

图 4.1　HJ-1 星数据云检测流程图

3. 基于先验知识和动态阈值的方法

为了补充阈值法的不足，可以结合相同季节、相同区域的晴空数据，作为背景场，加入云检测的实现。该方法的基本思路是：首先对同一区域的多日晴空影像进行辐射定标、重采样、裁剪、影像配准等预处理；然后将不同时相特征波段叠加在一起，形成红波段反射率和亮温数据集，获取 2 个数据集的均值影像（晴空背景场）和标准差影像；分析待检测影像与背景场的差异，确定因云遮挡而产生的异常特征，进而利用标准差影像及影像误差分析方法获取动态阈值；最后针对不同下垫面类型，采用分类别逐像元算法实现云掩模的自动生成。具体流程见图 4.2。

一般以月份作为时间跨度建立背景场，获得相应的先验知识。为检验算法的有效性，以冬季为例，选用晴空影像建立冬季晴空背景

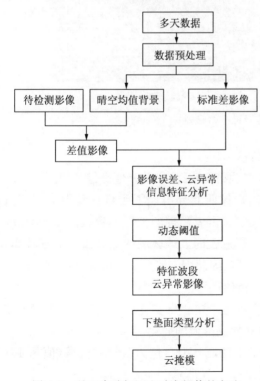

图 4.2　基于先验知识和动态阈值的方法

(a)红通道反射率均值影像　　　　　　　　　　(b)红通道反射率标准差影像

(c)亮温均值影像　　　　　　　　　　　　　　(d)亮温标准差影像

图 4.3　特征波段均值及标准差影像

场，获得的特征波段均值、标准差影像如图 4.3 所示。

　　将待检测影像与背景场对应波段做差值运算，获取各特征波段的差值影像，如图 4.4 所示。从彩图 41 中可以看出，在红波段反射率差值影像西北部出现了明显且集中的"正值区"，在亮温差值影像西北部则出现类似的"负值区"（两者出现的位置大致相同）；其他区域差值较为接近。这是由于当待检测影像中存在云层遮盖时，该区域的红波段反射率较高、亮温较低，而背景场对应区域反射率较低、亮温较高，因此因云遮盖引起的异常在红波段反射率和亮温差值影像中分别出现在"正值区"和"负值区"。

　　在实际处理中，一般选择两倍标准差影像作为界定晴空正常变化范围的阈值（即超出该阈值的区域被判识为异常区域），并随着检测季节和检测区域的变化。

　　利用该方法，最终获得两个特征波段的云异常影像，其中白色为云异常区域（值为 1），黑色为晴空区（值为 0），如图 4.5 所示，去云结果如图 4.6 所示。

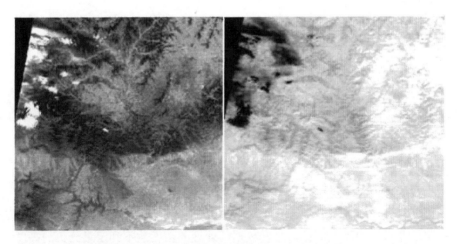

图 4.4　待检测影像红波段反射率(左)和亮温(右)

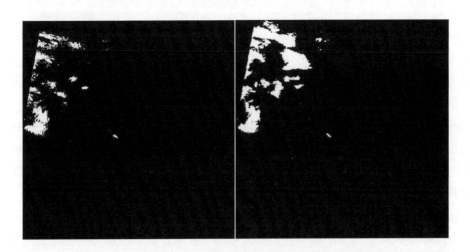

图 4.5　红波段反射率(左)和亮温(右)云异常区域

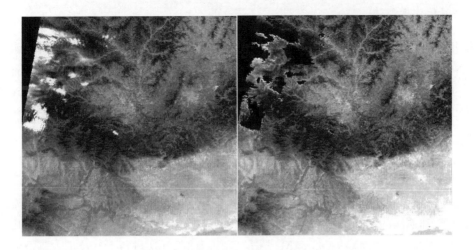

图 4.6　波段 3,2,1 真彩色合成影像(左)和去云结果影像(右)

4.2　CCD 相机水环境遥感高精度大气校正方法

4.2.1　国内外研究现状及存在问题

1. 国内外研究现状

大气校正是遥感信息定量化过程中不可缺少的一个重要环节，这是由于遥感器在获取信息过程中受到大气分子、气溶胶和云粒子等大气成分吸收与散射的影响，使其获取的遥感信息中带有一定的非目标地物的成像信息，数据预处理的精度达不到定量分析的高度，需要通过大气校正消除这些影响(潘德炉和马荣华，2008)。

20 世纪 70 年代，经过 30 多年的发展，产生了许多的大气校正方法。这些校正方法按照校正后的结果可以分为两种：绝对大气校正方法和相对大气校正方法。绝对大气校正方法是将遥感图像的 DN(Digital Number)值转换为地表反射率或地表反射辐亮度的方法。相对大气校正方法校正后得到的图像，相同的 DN 值表示相同的地物反射率，其结果不考虑地物的实际反射率。按照校正的过程，可以分为间接大气校正方法和直接大气校正方法。直接大气校正是指根据大气状况对遥感图像测量值进行调整，以消除大气影响，进行大气较正。大气状况可以是标准的模式大气或地面实测资料，也可以是由图像本身进行反演的结果。间接大气校正指对一些遥感常用函数，如 NDVI 进行重新定义，形成新的函数形式，以减少对大气的依赖。这种方法不必知道大气的各种参数。

对于水体遥感，比较成熟的水色遥感大气校正方法有辐射传输模型法、黑暗像元法以及基于标准一类水体校正算法发展起来的相对成熟的二类水体算法，如光谱迭代法、神经网络法、主成分分析方法等(张民伟，2009；Wang & Shi，2007)。

1) 辐射传输模型法

辐射传输模型法 (Radiative Rtransfer Models)是利用电磁波在大气中的辐射传输原理建立模型，对遥感图像进行大气校正的方法。基于不同的假设条件和适用的范围，目前已经建立了很多可选择的大气校正模型，如 6S 模型、LOWTRAN 模型、MODTRAN 模型、TURNER 大气校正模型、ATCOR 模型等。

2) 黑暗像元法

最理想的大气辐射校正和反射率反演方法应该是仅通过遥感影像信息，而不需要野外场地测量等辅助数据，并且能够适用于历史数据和很偏远的研究区域。因此，研究者提出了一些不需要大气和地面的实测数据，尤其不需要卫星同步观测数据的大气校正方法，其中被广泛应用的就是黑暗像元法(Dark-Object Methods)。用黑暗像元法进行大气校正主要是依靠图像本身的信息，一些不能直接在图像上获得的信息，可在相应的前人研究成果的文献资料中找到。这种方法直接，简易，其校正精度可以满足一般遥感的研究和应用，具有较强的实用性。

3）标准一类水体大气校正方法

标准一类水体大气修正均采用"暗像元"假设，这样就可以估计出近红外的气溶胶散射贡献，通过适当方法将近红外的气溶胶信号外推到可见光，即可得到可见光的气溶胶贡献。针对一类水体的大气修正算法研究最初是围绕处理 CZCS 资料而开展的。CZCS 算法基于两个假定（Gordon & Wang，1994）：海表面为水平表面，即无风速的影响，可以忽略海面白帽的贡献；CZCS 共有 5 个可见光通道（443 nm，490 nm，520 nm，550 nm，670 nm），由于没有设置近红外波段，对一类清洁水体，假定 670 nm 处的离水辐射率为零，用单次散射理论进行瑞利和气溶胶散射计算。

4）二类水体大气校正方法

国际上通用的 Gordon 标准算法在清洁大洋水体中精度较高，一般可达 95% 左右。但对二类水体而言，该算法的一个基本假设——"近红外波段的离水辐射为零"，不再成立，从而导致算法失效。总的来说，目前国际上针对二类水体提出的水色大气修正算法主要有以下几类：

在 Gordon 标准算法基础上的，着重解决近红外波段的离水辐射量。

（1）红外光谱迭代算法。Amone 等（1998）基于两个假设：红光和近红外波段的水体总吸收系数主要由纯水的吸收系数决定；颗粒物后向散射在上述波段范围内随光谱是线性变化的，根据简化的生物—光学模型提出改进算法。但对近岸高浑浊水体而言，以上两个假设有可能不成立，计算会产生较大误差。

（2）借用邻近清洁水体的大气光学特性。Hu 等（2000）提出一种"邻近像元法"来解决近岸浑浊水体的 SeawiFS 图像大气修正问题。算法的基本思想如下：假设气溶胶类型在较小的空间范围内（大约 50～100 km）保持不变，然后利用邻近清洁水体像元法来确定浑浊区域的气溶胶类型。虽然气溶胶类型是固定的，但其浓度是可变的。利用这种方法可同时求得765 nm 和 865 nm 波段的气溶胶散射和离水辐射通量。

（3）比利时 MUMM（The Management Unit Mathematical Models）算法（Ruddick et al.，2000）。它是一种针对 SeaWIFS 数据的二类水体大气校正方法。该算法假设离水辐射率的比率具有空间一致性，研究区域内 765 nm 和 865 nm 的气溶胶散射比和离水辐射率的比率为某一确切值，这种假设较之于之前针对 CZCS 可见光波段的经验关系更有通用性。此外，采用这一假设可以避免迭代运算，因为两个近红外波段的离水辐射率的计算只需要同时解算两个线性方程，进行运算仅仅只需要执行两步程序。

5）优化方法

可同时求解大气和水色要素参数，也可以单独求解海面离水辐射信号。重点在于大气气溶胶模型、海面离水反射光谱模拟和误差函数（Error Function）的选取。神经网络模型，也属于优化方法，但与传统的优化方法相比非线性逼近能力更强，模型的推广能力更好，且该模型用网络权值进行多项式计算，运算速度大大提高。Schiller 和 Doerffer（1999）利用模拟的 MERIS 16 个波段的大气顶去瑞利散射后的反射率数据集,通过 NN 模型反演三要素浓度和大气气溶胶浓度。该模型有两个隐含层,每层分别有 45 个和 12 个神经元。模拟结果显示,该算法对较大范围内的富营养一类水体和浑浊二类水体都适用,而且在高浑浊水体近红外光谱信号不为零的情况下,该大气修正算法也有效。

6) 主成分分析法

主要用于同时求解大气参数和水色要素参数。该方法以最优加权系数和多变量线性回归为基础,而典型二类水体的各成分与光谱之间是高度非线性相关的,因而限制了其在复杂三类水体中的应用。一般情况下,它是将大气修正和水色要素反演看作一个整体来完成。Neumann(2000)针对 MOS-IRS 水色遥感数据,提出一种利用主成分分析法进行大气修正和水色反演的算法。根据 Morel 等给出的半分析模型模拟海面离水辐射(BOA),然后利用 Angstrom 指数法计算气溶胶散射,从而获得大气顶去瑞利散射后的总信号(TOA)。利用 TOA 模型的反演结果与现场实测值的相对误差在 30% 以内。直接利用海面信号的 BOA 反演模型测试结果还需要进一步与现场数据作对比。

2. 研究难点与存在的问题

1) 研究难点

相对于陆地上其他地物而言,水的辐射在遥感图像上属于强背景条件下的弱信号,从反差很小而后向散射信息微弱的水体遥感影像中获取有用的离水辐射信息,难度较大;水体的污染物本身又是水体的一小部分组分,而且各种污染物与水体的辐射信号混合在一起,要实现水污染的定量遥感,必须把混合在一起的这些微弱信息分开;大气对水质遥感信息的影响十分严重,水色遥感接收到的总辐射量中来自水体的信号(离水辐射率)甚微,90% 以上来自于大气瑞利散射、气溶胶散射以及太阳反射。只有离水辐射率才包含了水色要素的信息,其数值只有陆地辐射量的 1/10。即使是很小的大气校正误差也能引起很大的水质参数反演误差,满足水环境定量信息提取要求的大气校正是研究的难点。

2) 存在的问题

在发展针对环境卫星数据的水体大气校正模型方法上,要把需要和可能两者结合起来考虑。

首先,国外的相关方法实施的前提条件是:水色遥感器的性能指标出色,在近红外或中红波段的高信噪比、多量化等级和高光谱分辨率的辐射探测能力,能确保上述水环境大气校正算法的实现。

其次,环境一号卫星装载的光学传感器包含:宽视场 CCD 相机和干涉型超光谱成像仪。宽视场 CCD 相机由两台光学面阵拼接而成,刈幅宽度达 700 km,有蓝(0.43~0.52 μm)、绿(0.52~0.60 μm)、红(0.63~0.69 μm)、近红外(0.76~0.90 μm)四个宽波段。与国外水色卫星大气校正处理方法对比发现,环境一号卫星宽视场 CCD 相机设置四个波段,红光、近红外波段处的通道数较少(只有两个)。四个通道的波段响应较宽,不利于对水汽等气体的吸收效应的订正,给二类水体的大气校正带来了一定的困难。

综上所述,本节研究在遥感器的性能有限情况下,考虑引入地面同步观测数据或长期实地观测资料,利用辐射传输模型提高计算大气信号贡献的精度,实现卫星数据的水环境遥感大气校正。基于地面实验检测背景数据,预先建立查找表,形成不同变化情况下的大气校正参数的水体大气校正方法。目前,国外卫星业务处理系统对大气校正的数据处理流程,均采用查找表的方法(如 MODIS、SeaWiFs 等),这样既兼顾大气辐射计算的精确性,又提高了业务处理的速度,因此,采用查找表方法是环境一号卫星大气校正数据处理的首选。

4.2.2　水体大气校正方程及处理流程

1. 水体大气校正方程

水体大气校正方程可以简化:假设水体上空大气平面平行,包括上层吸收性气体和下层散射性大气粒子(大气分子和气溶胶)两层大气介质。通常情况下,水气边界处的上行辐射包括太阳耀光辐射 L_g(太阳直射光在菲涅耳界面上镜面反射引起,值很大)、白帽辐射 L_{wh}(风驱水面形成的白沫引起)、天空光反射辐射 L_{sky} 和水体离水辐射 L_w。由于白帽的辐射贡献在风速较小、水面平静现实条件下很小,可以忽略不计,耀斑通常被视为污染信号,可以通过观测角度避开和辐射值的大小掩膜去除,因此可以忽略。考虑到各个方向的天空光 L_{sky} 和水体离水辐射 L_w 近似地各向同性,所以可假设水体以均一朗伯表面耦合大气。

将卫星传感器入瞳处的总信号 $L_{toa}(\lambda)$ 分解(下面公式都省略波长 λ)

$$L_{toa} = T_{gas}(L_{path} + L_{surf}t_u) \tag{4.1}$$

式中,T_{gas} 为主要的水汽、臭氧吸收性气体的总的大气透过率;L_{path} 为与水体无关的大气程辐射;t_u 为大气上行透过率。在忽略太阳耀斑和白帽的情况下,水表辐亮度 L_{surf} 包含天空光辐亮度和水体离水辐亮度

$$L_{surf} = L_{sky} + L_w \tag{4.2}$$

假设 E_0 为太阳常数,μ_s 为太阳天顶角余弦,t_d 为大气向下透过率,s 为大气半球反照率,则水表面处的太阳辐照度为 $\mu_s E_0 t_d$。若考虑邻近像元的影响,并定义表面反射率 $\rho_{surf} = \pi L_{surf}/E_d^{0+}$($E_d^{0+}$ 为水面上的总辐照度),水表面处的环境辐照度可表达为 $E_{env}^{0+}\mu_s E_0 t_d \rho_{surf} s/(1-\rho_{surf}s)$,联立关系式有

$$\pi L_{surf} = \rho_{surf} E_d^{0+} = \rho_{surf} \cdot \mu_s E_0 t_d/(1-\rho_{surf}s) \tag{4.3}$$

将式(4.4)代入式(4.5)和式(4.6)中,并分别用 $\mu_s E_0$、E_d^{0+} 归一化,经过变化后得到

$$\rho_{surf} = \frac{(\rho_{toa}/T_{gas} - \rho_{path})}{t_d t_u + s/(\rho_{toa}/T_{gas} - \rho_{path})} \tag{4.4}$$

和

$$[\rho_w]_N = \rho_{surf} - \rho_{surf} E_{sky}^{0+}/E_d^{0+} \tag{4.5}$$

所以,水体遥感反射比为

$$R_{rs} = [\rho_w]_N/\pi \tag{4.6}$$

式中,ρ_{toa} 为表观反射率;ρ_{path} 为大气内部反射率,包括瑞利分子和气溶胶多次散射的总和;

$[\rho_w]_N$ 为归一化离水反射率；E_{sky}^{0+} 为水面上天空光的辐射照度；R_{rs} 为水体遥感反射比。

2. 处理流程

首先，选择需要待校正的水体区域；其次，自动根据环境一号卫星的 L2 级产品附带的元数据（xml 文件），解析 CCD 相机编号、观测几何和辐射定标信息；接着，使用定标系数对卫星影像逐像元辐射校正；然后，利用查找像元对应的大气条件，主要包括水汽含量、臭氧含量和气溶胶光学厚度数据；最后，根据上述条件，分别查找出 T_{gas}, ρ_{path}, t_d, t_u, s, E_{sky}^{0+}, E_d^{0+} 参数，利用式（4.5）求解离水反射率，水体遥感反射率等于离水反射率除以 π。

4.2.3　查找表构建

大气校正参数取决于实时的大气条件，其中大气气溶胶光学厚度（有时候使用能见度代替）、水汽含量、臭氧含量、大气压都是能直接反映大气条件的观测量，此外卫星因为太阳照射角度和传感器观测角度的差异"看"到的大气也不同。它们之间的数值关系需要通过辐射传输模型精确模拟计算。一般而言，特定条件下的模拟计算比较耗时，这种手段不适合逐像元的大气校正。本节采用查找表的方法提高校正效率，即通过模拟不同条件下的大气状况，预先将大气校正参数制表存储，供卫星影像大气校正时查找。

查找表模拟时使用的输入条件如表 4.2 所示，分别包括太阳天顶角、观测天顶角、相对方位角、气溶胶光学厚度、气溶胶模式、水汽含量、臭氧含量和环境一号卫星 CCD 相机各条波段响应曲线各种变化参量。而其他输入条件，例如大气模式、大气压、下垫面的光谱条件都与地理位置（包括高程）密切相关，因此输入常年的平均值或不同季节的现场测量值以代替。模拟计算出的查找表只适合特定水域，业务监测生产时则要有针对性地选择不同水体区域的数据表进行大气校正参数的查找计算。

表 4.2　模拟计算构建查找表时使用的输入条件

输入条件	说明
太阳天顶角（θ_s）	单位：度，$[0 \sim 60]$ 区间以 2 递增
观测天顶角（θ_v）	单位：度，$[0 \sim 66]$ 区间以 3 递增
相对方位角（φ）	单位：度，$[0 \sim 180]$ 区间以 12 递增
气溶胶光学厚度（τ）	无量纲，$[0.001 \sim 2]$ 区间以 0.1 递增
气溶胶模式（AeroM）	无量纲，大陆型、城市型、海洋型
水汽含量（U_{wv}）	单位：g/cm^2，$[0.2 \sim 4]$ 区间以 0.2 递增
臭氧含量（U_{o_3}）	单位：DU，$[260 \sim 320]$ 区间以 40 递增
光谱相应曲线（SRS）	无量纲，HJ-1A/1B 的 CCD1、CCD2 相机的 4 个波段的光谱相应函数，共 16 个

4.2.4　算法结果与验证

选取我国华东地区的太湖进行大气校正试验。太湖平均水深 1.9 m，叶绿素和悬浮物浓度较大，是典型的富营养化污染湖泊。环境一号卫星 CCD 相机成像的时间为 2009 年 6 月 25 日上午，此时的太阳天顶角为 15.9°，太阳方位角为 121.3°，当天的气象参数现实能见度在 19 km 左右，光学厚度 0.26。由于夏季湖区东南风盛行，受到近海影响，选择太湖春夏季校正模型。

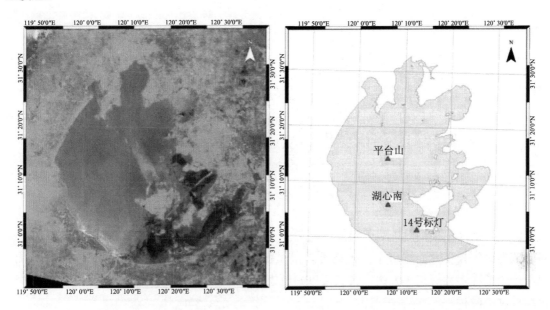

图 4.7　水体大气校正区域，左边为卫星影像图，右边为验证站点图

　　为了验证大气校正的精度，将反演的遥感反射率结果与地面测量结果(选取三个站点：平台山(120°06′E，31°14′N)、湖心南站点(120°06′E，31°06′N)、14 号标灯站点(120°13′E，31°01′N))和同期的 MODIS 的水色产品(490 nm，555 nm，645 nm)结果进行比较，详细情况参见图 4.7、表 4.3。R_{rs}^{H*} 被认为是地面测量水体遥感反射率的真实值，R_{rs}^{H} 是环境一号卫星 CCD 相机值，R_{rs}^{M} 是 MODIS 值，Err^{H} 和 $Err^{H.\,vs.\,M}$ 分别表示绝对误差和相对误差，分别是 R_{rs}^{H} 相对于 R_{rs}^{H*} 和 R_{rs}^{M} 的误差百分比，计算公式为 $Err = |R_{rs}^{H} - R_{rs}^{H*(M)}| / R_{rs}^{H*(M)}$。水体遥感反射率的数值比较小，较小的绝对误差也可能导致较大的相对误差。从表 4.3 中可以看出，环境一号卫星 CCD 相机影像的校正结果与蓝波段 489 nm 和绿波段 567 nm 的真值误差较小，平均误差在 15% 以内，与 MODIS 的相对误差均不超过 13%，红波段的误差稍大，误差在 20% 左右。

表 4.3　地面站点的结果验证

站点	波段/nm	R_{rs}^{H*}	R_{rs}^{H}	$Err^{H}/\%$	R_{rs}^{M}	$Err^{H.\,vs.\,M}/\%$
	489	0.02101	0.01771	15.7	0.02029	12.7
平台山	567	0.02925	0.03001	2.6	0.03067	2.2
	664	0.02481	0.0323	30.2	0.02535	27.4

站点	波段/nm	R_{rs}^{H*}	R_{rs}^{H}	$Err^{H}/\%$	R_{rs}^{M}	$Err^{H.\,vs.\,M}/\%$
	489	0.0224	0.02057	8.2	0.02328	11.7
湖心南	567	0.03233	0.03341	3.4	0.03248	2.9
	664	0.02763	0.03554	28.6	0.02989	18.9
	489	0.02122	0.01907	10.1	0.01991	4.2
14号标灯	567	0.02984	0.03144	5.4	0.02999	4.8
	664	0.02586	0.0312	20.6	0.02471	26.3

4.3　CCD相机城市环境遥感高精度大气校正方法

4.3.1　国内外研究现状及存在问题

为了降低大气模糊效应对卫星遥感图像的影响，提高卫星遥感数据的应用能力，人们在遥感数据大气校正方面进行了广泛研究，最早的研究始于 20 世纪 70 年代，经过多年的发展，产生了许多大气校正方法，大致可以归纳为基于影像本身的校正法和基于大气辐射传输模型计算法两种。

基于图像特征的大气校正方法要求已知或假定图像中某些像元的反照率值，以此来建立地表反照率和卫星观测值之间的关系，并假定整幅图像具有同样的大气条件，因而能够将这个关系应用到整幅图像中。由于其不需要进行实际地面光谱及大气环境参数的测量，而是直接从图像特征本身出发消除大气影响进行反射率反演，因此是一种相对简单、易于实现的大气校正方法，应用也比较广泛。近年来，国内外学者研究了多种基于图像特征的大气校正方法，主要包括暗像元法、直方图匹配法、不变目标法三种。Kaufman 和 Sendra(1988)提出的暗目标法假设整幅图像的大气散射影响均一，把"清洁水体"当作暗目标(反射率为 0)，直接把暗目标的像元值取代大气程辐射。Schott 等(1988)利用不变目标观测量的平均值及标准差提出了一种估算大气校正线性关系的斜率和截距的方法。Hall 等(1991)提出利用 K-T 变换中的亮度分量和绿度分量来确定不变目标的方法，成功地应用了这种方法对 TM 图像进行了大气校正。Coppin 和 Bauer(1994)利用该方法进行大气校正时假定了 5 种不变目标：清澈且深的贫营养化的湖泊、茂密的老红松树林、平广的沥青屋顶、无杂质的沙砾覆盖区、混凝土路面或大型停泊场。我国学者在这方面也进行了大量的研究。如田庆久等(1998)对 Kaufman 提出的暗目标法(利用清洁水体的像元值直接取代大气程辐射，不考虑大气其他因素的影响)加以改进形成暗体减 DOS (Dark Object Subtraction) 方法，在 DOS 方法的基础上，结合大气辐射传输模型进行大气模拟，研究并发展了基于遥感影像信息的快速大气辐射校正和反射率反演方法。刘小平等(2004)以山区阴影部分的植被作为黑体，先假设阴影区植被的反射率，估算出大气散射对程辐射的贡献，再利用迭代法对程辐射进行校正。张玉贵(1994)使用气象记录为辅助数据对暗地物作调整进行遥感图像的大气校正。陈蕾等(2004)用基于地面耦合的暗像元法进行影像的大气校正研究等。

辐射传输计算大气校正方法早期的代表性研究是 Turner 与 Spencer(1972)提出的通过模拟大气—地表系统来评估大气影响的方法。当时研究的重点在于消除大气对影像对比度的影响。辐射传输模型法是诸多的大气校正方法中校正精度较高的方法，它利用电磁波在大气中的辐射传输原理建立模型对遥感图像进行大气校正。不同作者的算法在原理上基本相同，差异在于不同的假设条件和适用范围。因此产生了很多可选择的大气较正模型，应用广泛的有近 30 个，如 6S(second simulation of the satellite signal in the solar spectrum)模型、LOWTRAN(low resolution transmission)模型、MORTRAN(moderate resolution transmission)模型、大气去除程序 ATREM(the atmosphere removal program)，紫外线和可见光辐射模型 UVRAD(ultraviolet and visible radiation)、TURNER 大气校正模型和空间分布快速大气校正模型 ATCOR(a spatially-adaptive fast atmospheric correction)等。其中，以 6S、MODT-RAN、LOWTRAN 和 ACTOR 模型应用最为广泛。

国内研究学者对辐射传输模型大气校正方法也做了很多研究。李先华等(1994)在讨论逐点计算遥感图像像元的大气程辐射值和大气透过率时，提出了一个适合非均匀大气的、包括大气程辐射和大气透过率等修正内容的遥感图像广义大气校正模型。张玉贵(1994)对 TURNER 模型进行改进，并对 TM 图像进行了大气校正。刘振华等(2004)使用 6S 大气辐射传输模型进行大气校正，并通过 MODTRAN 模型获取各波段地表入射光通量和窄波段的地表反照率，实现了一个 MODIS 卫星数据地表反照率反演的简化模型。胡宝新等(1996)提出了 BRDF-大气订正环的大气校正方法。他们的方法首先用 6S 模型做基于朗伯体的大气校正，并通过一系列在不同成像几何条件的订正，在 BRDF 模型库中找到一种最能描述这些数据的模型，最后根据反演的模型参数进行基于 BRDF 的大气校正。

基于影像本身的校正方法比较简单、易于实现，但在其校正的过程中主观因素影响较大，校正的质量和一致性难以保证。因此，高精度的遥感影像大气校正多采用基于辐射传输模型的方法，精确校正水汽、臭氧、二氧化碳等成分的大气吸收和大气分子、气溶胶的大气散射对观测影像造成的模糊效应。基于大气参数的辐射传输计算校正方法理论上可以达到较高的校正精度，然而，由于大气气溶胶光学厚度具有空间和时间变化快的特点，这种方法的应用依赖于高精度实时大气气溶胶光学厚度的获取。

图 4.8 是利用 6S 辐射传输模型，以蓝色通道(0.45～0.52 μm)和地面反射率为 30% 为例进行计算得到的不同气溶胶光学厚度下程辐射占入瞳信号的比值。数据显示，在气溶胶光学厚度 0.1～1.0 区间内，程辐射占遥感器接收总辐射量的 20% 以上，且随着气溶胶光学厚度的增大而直线上升。程辐射量的大小取决于两个方面：一是地表反射率，地表反射率越低程辐射所占的相对比例越大；二是程辐射与大气气溶胶光学厚度密切相关，光学厚度越大程辐射所占的绝对比例越大。当在目标区域反射率为 5% 和光学厚度为 1.0 的条件下，程辐射可以占到 85% 以上！这极大地干扰了遥感器对地表信号的获取。卫星遥感成像过程中，程辐射的影响不仅仅是对地表辐射量的简单叠加，因为程辐射在成像过程中会造成两个方面的效应：一是在地面目标辐射量上叠加了程辐射量；二是通过传输衰减降低地面目标的辐照，因此实际卫星图像获取的辐射亮度是这两个效应的合成。

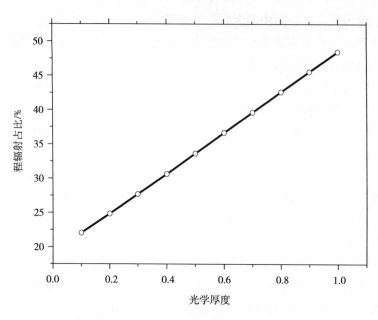

图 4.8　不同气溶胶光学厚度下程辐射在总入瞳辐射中所占比例

　　程辐射对图像的影响是使暗目标变亮而亮目标变暗，降低了图像中不同反射率地物亮度上的反差。著名的大气物理学家 Kaufman 进行的遥感成像模拟计算可以清楚地反映这一问题，图 4.9 显示了在不同气溶胶光学厚度值(τ_a)的情况下，对于不同地面反射率地物，卫星获得的大气表观反射率与实际地面反射率之间的差值(太阳天顶角 40°，观测波长 0.61 μm)。由图 4.4 可以看出，对于同一个光学厚度，随着地表反射率的增加，辐射增量将产生逆转，即对于反射率较低目标，辐射量随着光学厚度的增加而增加，即正大气效应，而对反射率较

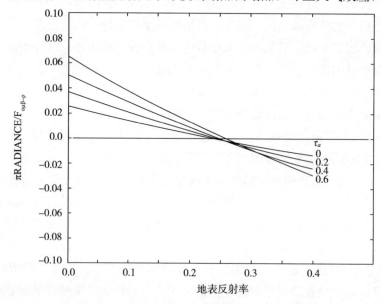

图 4.9　程辐射在不同条件(气溶胶光学厚度 τ_a，地面反射率 ρ)下
对表观反射率与实际地面反射率之间的差值的影响

高的目标，辐射量随着光学厚度的增加而减少，即负大气效应。这种气溶胶与地面反射率效应之间的效果，在遥感图像中即表现为图像中不同反射率地物之间反差的降低，且这种反差降低的程度随光学厚度的增加而增加。

大气前向散射引起的地面辐射交叉也是对图像质量产生影响的重要原因，图 4.10 显示（条件同前）随着光学厚度的增加，遥感图像像元对应地面辐射的贡献不断减少，在常见的光学厚度为 0.3 的条件下，像元对应地面与环境辐射量贡献的比例也仅为 2.38 左右，而在光学厚度为 1.0 时，则对应地面与环境辐射量贡献比甚至下降到 0.63。大气前向散射在目标与背景之间造成的交叉辐射，使得图像中地物间边缘锐度降低，结果造成了图像的模糊，有关这种现象，通常用调制传递函数（MTF）进行描述，彩图 33 是不同大气条件下的调制传递函数的计算结果。

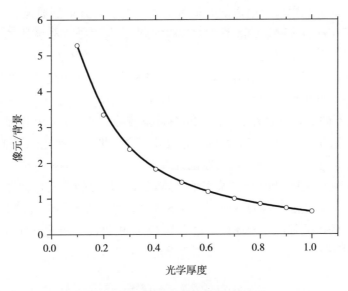

图 4.10　目标与环境辐射量的比例

由上面分析可见，气溶胶光学厚度是决定大气模糊效应的最重要参量，获取准确的气溶胶光学厚度是遥感影像大气校正的关键。基于这一点，本节研究瞄准城市大气校正中高精度的气溶胶光学厚度获取，为大气校正提供更为精确的输入。

4.3.2　基于"谱像合一"的环境一号卫星城市气下垫面气溶胶反演研究

干旱、半干旱等亮地表地区的气溶胶反演一直是陆地上空气溶胶反演中的难题，而城市地区由于以下原因更是气溶胶反演中最具挑战性的工作（孙林，2006）。

（1）城市地区地表反射率确定困难。城市地区地表类型复杂，包括水泥建筑物、柏油马路、植被、水体、裸土等多种地表类型，地表反射率的精确确定非常困难；此外，在城市地区，地表结构复杂，地表的二向反射特性非常明显，尤其对于分辨率相对较低的宽覆盖图像，如 MODIS、MISR 等，各图像对应的传感器天顶角、太阳高度角，传感器与太阳之间的相对方位角等参数有较大的差异。几何参数的变化，会引起城市地表反射率的强烈变化，这给地表反射率的确定带来了极大的困难。

（2）较高的地表反射率使得传感器测量的辐射值对气溶胶光学厚度的变化不敏感。城市地区的地表反射率较高，如彩图34所示（A为大气纠正以后的2004年10月13日北京地区的MODIS数据，B为对应A图红色线框内区域范围的地表反射率图），对于高地表反射率像元，辐射值对气溶胶的变化不敏感，因此城市地区气溶胶光学厚度的反演非常困难。

应用于MODIS传感器多波段数据的浓密植被气溶胶反演方法自TERRA卫星发射后已经广泛应用于全球气溶胶光学厚度的观测。其算法原理是：MODIS的通道1（红620～670 nm）和通道3（蓝459～479 nm）的地表反射率与通道7（短波红外2105～2155 nm）观测到的表观反射率在密集植被地区呈现良好的线性相关，而且短波红外通道7的观测基本不受气溶胶的影响，因此，利用这一通道的数据区分浓密植被，并得到通道1和通道3在浓密植被地表的反射率。2007年MODIS算法（C5）对可见光与短波红外波段的地表反射率关系进行了修正，以及在全球范围内使用了更多样化更精确的气溶胶模式后（基于全球气溶胶地基观测网AERONET得到），反演精度较之前的C4版本有了大幅度的提升（见图4.11），但是，升级后的算法在城市地区仍然失效。图4.12是Li等（2007）针对MODIS的C4算法和新C5算法在中国不同地区做的验证分析。左图是香河的验证结果，右图是北京城区的验证结果。从图中可以看出，新算法在非城区的精度相当高，拟合斜率达到了1.0，但是在城市地区却较差，拟合斜率只有0.38，相关性也较差。

该算法在城市地区失效是由于在城市地区难以找到足够的浓密植被像元，尤其是在冬季，算法中可见光与短波红外地表反射率之间的关系已经不存在。而且，即使浓密植被算法在城市地区是可行的，但是，由于环境一号卫星CCD相机没有短波红外波段，无法得到浓密植被的地表反射率，因此，该算法不可用于环境一号卫星。

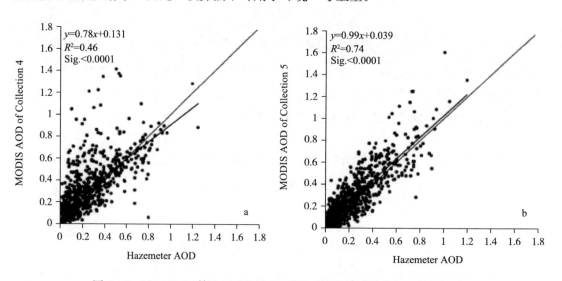

图4.11　MODIS C4算法（左图）和C5算法（右图）的对比（Li et al.，2007）

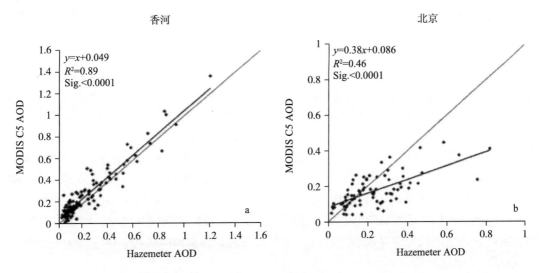

图 4.12　MODIS C5 算法在非城区（左图，香河）和城区（右图，北京）的对比（Li et al.，2007）

1. 算法原理与流程

与现有的气溶胶反演的传感器相比，环境一号卫星 CCD 相机具有很高的空间分辨率（30 m），这样，相比于浓密植被像元，在影像上能找到更多的纯像元，这些纯像元可能包含植被，但同时也包括城市中的大型广场（如北京的天安门）、楼顶、道路以及湖水，而后面这些纯像元在冬季也都是存在的。环境一号卫星 CCD 相机的另一个优势是它的高时间分辨率，尤其是将 A 星和 B 星结合起来的时候这一优势更加明显。因此，针对同一目标在一定时间段内可获取一系列观测值，其中包含了晴朗天气的观测以及污染天气的观测。目标的地表反射率可通过晴朗天气的观测值通过简单的大气校正得到，并且假设其地表反射率在一定时间段内（如 3 个月内，如果有足够的观测可考虑一个月内）不发生变化，因此污染天气的气溶胶可基于该地表反射率反演得到。使用纯像元除了受季节影响较小外，还有许多优势，如不受城市中高大建筑物的遮挡、不受混合像元影响、更容易获得纯像元的双向反射特征等等。

因此，实验充分发挥环境一号卫星 CCD 相机数据较高空间分辨率（30 m）的优势，利用图像中的纯像元，从观测信号中分离出地表的贡献，得到气溶胶光学厚度，将每个纯像元上空的气溶胶光学厚度应用于该纯像元周围一定区域。

反演流程如下：

（1）根据辐射传输模型建立查找表。

（2）依据纯像元指数提取纯像元，生成纯像元掩膜。

（3）依据云检测算法剔除有云的像元。

（4）确定纯像元地表反射率：选取一个时间段内（小于 3 个月）的晴朗日影像和污染日影像，假设在这个时间段内纯像元地表反射率不发生变化，对晴朗天气的影像进行简单的大气校正，获取纯像元的地表反射率，根据地表反射率反演污染日影像纯像元的气溶胶光学厚度。

（5）依据辐射传输查找表，将遥感观测的辐射亮度反演为气溶胶光学厚度。

（6）对整幅影像进行内插，得到光学厚度图。

2. 算法实验

（1）实验数据（见彩图 35、彩图 36）。

（2）PPI：纯像元指数（见彩图 37）。

（3）对整幅影像进行内插，得到光学厚度图（见彩图 38）。

反演结果图显示，北京南部地区的气溶胶光学厚度比北部大，这一点与其他学者给出的结论是一致的。图中还可以看出，城中心的气溶胶污染比朝阳、海淀、通州等地区更严重，这可能与城中心人口更密集、汽车尾气排放更多有关系。AERONET 北京站点位于城区内，这一天的地基观测 AOD 是 0.8838（550 nm），利用本方法反演得到的 AOD 为 0.9318（过境时间与地基观测时间相差 20 分钟以内），绝对误差小于 0.05（MODIS 气溶胶产品的精度为 $0.05\pm0.2\tau_a$）。结果图有效地刻画了城市地区气溶胶污染源的空间变化情况，例如，彩图 37 中右上角有一处气溶胶光学厚度较大，该污染源对应的是首都国际机场，显示机场上空严重的大气污染。

3. 算法验证

为了评估反演算法的性能，使用 AERONET 的地基观测数据进行对比验证。同时为了比对，也开展了过境时间接近的 MODIS 气溶胶产品与 AERONET 数据的对比验证。所有地基数据与卫星数据的时间相差都在 30 分钟以内，以保证地基观测与卫星过境之间大气状况的稳定。采用 2009 年 8 月至 10 月一共约 3 个月的数据进行验证，其中有 32 天无 AERONET 测量，另有 32 天没用无云的 HJ-1 星观测，剩下的 16 天中有 4 天该验证点无 MODIS 气溶胶产品，最后得到 12 天的数据用于验证。利用本方法反演的 HJ-1 星气溶胶 AOD 和 MODIS C5 浓密植被算法气溶胶产品与 AERONET 的对比验证拟合结果分别见图 4.13 和图 4.14。验证图中给出了线性拟合的斜率和截距，可以看出本次验证数据中，本方法的拟合斜率与截距均优于 MODIS，但是相关系数略低。综合分析可以看出，利用本方法，环境一号卫星 CCD 数据可以有效地用于城区气溶胶监测，为大气校正提供输入。

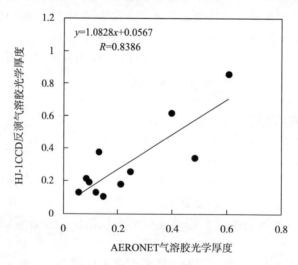

图 4.13　HJ-1 星 AOD 反演结果与 AERONET 对比验证

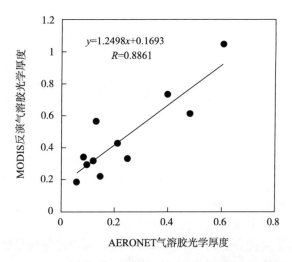

图 4.14　MODIS 气溶胶产品与 AERONET 对比验证

4.3.3　基于辐射传输模型的大气校正方法

利用基于复杂的辐射传输原理建立起来的辐射传输模型大气校正方法是诸多大气校正方法中精度较高的一种方法。自 1972 年 Turner 与 Spencer 通过模拟大气——地表系统来评估大气影响、成为最早的大气辐射传输模型之一后，到目前为止，已经发展了一系列辐射传输模型。

1. 常用的辐射传输模型

1）LOWTRAN 模型

LOWTRAN(Low Resolution Transmission)模型是美国空军地球物理实验室研制的。目前流行的版本是 LOWTRAN7，它是以 $20\ \mathrm{cm}^{-1}$ 的光谱分辨率的单参数带模式计算 $0\ \mathrm{cm}^{-1}$ 到 $50\ 000\ \mathrm{cm}^{-1}$ 的大气透过率、大气背景辐射、单次散射的光谱辐射亮度、太阳直射辐射度。LOWTRAN7 增加了多次散射的计算及新的带模式、臭氧和氧气在紫外波段的吸收参数。它提供了六种参考大气模式的温度、气压、密度的垂直廓线，H_2O、O_3、O_2、CO_2、CH_4、N_2O 的混合比垂直廓线及其他 13 种微量气体的垂直廓线，城乡大气气溶胶、雾、沙尘、火山喷发物、云、雨廓线和辐射参量如消光系数、吸收系数、非对称因子的光谱分布，还包括地外太阳光谱。

目前使用的 LOWTRAN7 已经基本成熟固定，自 1989 年以来没有大的改动，仅修改了其中一些小的错误。但由于 LOWTRAN7 加进了多次散射的计算，使程序计算非常耗时。在使用时尤其在较长波长如热红外上使用时，应先做对比试验，以确定有无必要考虑多次散射。

此外，在多次散射计算中仍采用了平面平行大气的假设，在太阳天顶角小于 75° 时，LOWTRAN 7 与更精确的计算结果差别在 20% 以内，对太阳天顶角大于 75°，计算结果将有较大误差。

2) MODTRAN 模型

MODTRAN(Moderate Resolution Transmission)模型主要是对 LOWTRAN 7 模型的光谱分辨率进行了改进，它把光谱分辨率从 $20\,cm^{-1}$ 减少到 $2\,cm^{-1}$，发展了一种 $2\,cm^{-1}$ 光谱分辨率的分子吸收的算法和更新了对分子吸收的气压温度关系的处理，同时维持 LOWTRAN 7 的基本程序和使用结构。重新处理的分子有 H_2O、CO_2、O_3、N_2O、CO、CH_4 和 O_2、NO、SO_2、NO_2 等。新的带模式参数仍是从 HITRAN 谱线参数汇编计算的范围覆盖了 $0\sim17900\,cm^{-1}$。而可见光和紫外线这些较短的波长上，仍使用 LOWTRAN 7 的 $20\,cm^{-1}$ 的分辨率。在 MODTRAN 中，分子透过率的带模式参数在 $1\,cm^{-1}$ 的光谱间隔上计算。在这样间隔上的分子透过率计算包括三部分：

(1) 在此间隔上积分"平均谱线"的 voigt 线形。

(2) 当该间隔包含了同种分子的多于一条谱线时，假定这些线是随机分布的。

(3) 将相邻间隔中谱线的贡献看作分子连续吸收来处理。

LOWTRAN 中其他光谱结构变化大于 $1\,cm^{-1}$ 的成分，则仍用 LOWTRAN 的 $5\,cm^{-1}$ 分辨率计算并内插到 $1\,cm^{-1}$ 求得总透过率。这些 $1\,cm^{-1}$ 的间隔互不重叠，并可用一个三角狭缝函数将其光谱分辨率降低到所需的分辨率。由于这些间隔是矩形的且互不重叠，MODTRAN 的光谱分辨率为 $2\,cm^{-1}$。

在程序处理上。MODTRAN 的构造保持了对 LOWTRAN 的改动最小，MODTRAN 作为附加的中分辨率光谱计算能力的选择项而不干扰原 LOWTRAN 的执行。气溶胶模式、多次散射计算、用户定义的大气模式等都不改变。MODTRAN 使用的分子带模式参数数据作为外部数据文件读入。

对于使用者来说，MODTRAN 的输入卡仅对 LOWTRAN 输入卡作了三处改动：在卡片一的最前面加了一个逻辑变量，用于选择是否使用 MODTRAN，将卡片四的输入改为整形；并加了一个输入参数 IFWHM 定义三角狭缝函数的宽度。

MODTRAN 和 LOWTRAN 在计算分子透过率上的区别有几点：LOWTRAN 使用单参数带模式及分子密度的标度函数。MODTRAN 使用 3 个与温度有关的参数：吸收系数、线密度和平均线宽。对于每种分子，其光谱区分为 $1\,cm^{-1}$ 的间隔。将线中心在间隔内和间隔外的邻近谱线分别建模。间隔内的谱线采用 Voigt 线型积分得到。采用 Curtis-Godson 近似将多层的分层路径近似为等价的均匀路径。

LOWTRAN 使用单参数带模式，并且其标度函数与光谱波长无关。而 MODTRAN 采用了 Voigt 线形和线参数对温度和压力的显式表达，比 LOWTRAN 更好地适用于完全处于 30 km 高度以上的路径。对于 60 km 以上的路径，许多分子处于非局地热力平衡状态(NLTE)。对于这类问题，MODTRAN 不再适用。

3) 6S 模型

6S(Second Simulation of the Satellite Signal in the Solar Spectrum)模型是在法国大气光学实验室 D. Tanre，J. L. Deuze，M. Herman 和美国马里兰大学地理系 E. Vermote 在 6S 模型的基础上发展起来的。它主要用来估计在无云的情况下，由气象传感器或地球遥感卫星获取的在 $0.25\sim4\,\mu m$ 间太阳光谱的辐射其主要特点(Du, 2002)。

（1）通过使用了最新近似（the state of the art approximation）和逐次散射 SOS（successive order of scattering method）方法来计算散射和吸收求解辐射传输方程，能较好地解决瑞利散射和气溶胶的影响。它将大气分成 12 层，离散角分为 12 个，分别计算不同层和离散角的辐射传输值，减少计算量，减少整层处理的难度，减少了计算的误差。

（2）6S 在假定水汽在气溶胶层之上或之下的情况下，近似解决了水汽与气溶胶之间的散射和吸收匹配的问题。

（3）计算波段范围是太阳光谱波段 $0.25 \sim 4 \,\mu m$。

（4）对下垫面的类型有多种选择，包括朗伯体、非朗伯体以及非均一地表反射可供选择，引入了 BRDF（Bidirectional Reflectance Distribution Funetions）模型来考虑均一地表条件下的二向反射问题。另外，用户还可以根据实际地表反射率特征进行自定义，同时考虑了地面高程的影响。

（5）模式中气溶胶模式也很灵活，不但提供了几种标准气溶胶模式，还可以根据光度计实测数据或者气溶胶粒子谱分布来自定义。

（6）除了给出了常用遥感器的波段响应函数，还可以根据用户需要自行定义波段以及响应函数，扩大了适用传感器的范围。

（7）大气模式有标准和用户自定义可供选择，模型对主要大气效应：H_2O、O_3、O_2、CO_2、CH_4、N_2O 等气体的吸收，大气分子和气溶胶的散射都进行了考虑。

（8）有两种计算方式：正算和反算，正算就是根据地表反射率情况和大气的环境参数，计算出传感器应该接收到的辐射亮度值。反算是用户给定传感器的辐射亮度与大气环境参数，计算出大气的光学参数，进一步利用大气参数和传感器接收值反算出地表反射率，即大气订正过程。

（9）与 LOWTRAN 模型、MORTRAN 模型比较，6S 模型具有较高的精度，且计算速度较快。因此本研究在建立大气校正辐射传输查找表时，选用 6S 辐射传输模型。

（10）模型输入：具体包括以下 4 方面：

· 卫星几何参数　　6S 模型中提供了 7 种类型的卫星对应的几何条件输入格式，这些卫星包括 Meteosat、NOAA、SPOT、Landsat 等。此外，6S 模型还提供了一种自定义几何条件的输入方式，用户可以利用太阳天顶角、方位角，卫星天顶角、方位角以及成像日期等自定义几何条件。

· 大气模式　　6S 中包括来自 LOWTRAN 模式中的 6 个标准大气模型，分别是对流层模型、中纬度夏季模型、冬季模型、亚极地夏、冬季模型和标准 US62 模型。此外，还有两套用户自定义大气模型，一种是在 $0 \sim 100 \,km$ 高度范围内，将大气分成 34 层，每层假定大气稳定而且均衡，给出每层的高度、压强、温度、水汽和臭氧浓度 5 个参数。另一种是定义标准的 US62 条件下设置水蒸气和臭氧含量来确定。

· 气溶胶模式　　气溶胶模式包括定义气溶胶类型和气溶胶浓度两个部分。在 6S 中同样定义了 7 种缺省的气溶胶模式（大陆型、海洋型、城市型、沙尘型、生物气溶胶、平流层模型），而且用户还可以根据实际情况，使用 4 种基本的类型（沙尘型、水溶型、海洋型和煤烟型）来定义自己的模型。对于气溶胶浓度的输入有三种方式：一是输入能见度；二是输入 $550 \,nm$ 处的气溶胶光学厚度值；三是如果气溶胶类型设置为无气溶胶时，输入 -1。

· 光谱条件　　6S 模型能够处理的有效光谱范围是 $0.25 \sim 4 \,\mu m$，6S 能提供自定义和标准预定义两种光谱选择方式。对于自定义光谱，是指用户既可以通过设定起始波长、终止波长和光谱响应函数三个参数来定义处理的光谱范围，也可以通过设定单色波长一个参数来定义。此外，用户可以选择程序中预先定义的常见传感器的各个波段的光谱条件，包括Meteosat、Goes、AVHRR/NOAA、SPOT、MSS、MODIS、POLDER 等传感器波段的 59 种光谱条件。

（11）模型输出。6S 模型的输出包括输入参数的全部内容和所有的计算结果。①辐射部分的结果有：地面上的直接反射率及辐照度、散射透过率及辐照度、环境反射率及辐照度；卫星上的大气路径反射率及辐亮度、背景反射率及辐亮度、像元反射率及辐亮度。②吸收部分包括各种气体各自的向上透过率、向下透过率、总透过率，所有气体总的向上透过率、总的向下透过率以及总的透过率。③散射部分包括大气分子、气溶胶的向上散射透过率、向下散射透过率、总散射透过率，总的向下散射透过率、总的向上散射透过率、总散射透过率，大气分子，气溶胶。

2. 大气校正原理与流程

假定地表为朗伯体的情况下，传感器接收到的表观反射率 R^* 定义为

$$R^* = \frac{\pi L}{F_0 \cos\theta_s} \tag{4.7}$$

式中，L 为表观辐亮度；F_0 为外大气层外太阳辐照度。

传感器接收到的反射率为（Vermote et al.，1997）

$$R^*(\theta_s, \theta_v, \varphi_s - \varphi_v) = T_g(\theta_s, \theta_v) \left[R_{r+a}(\theta_s, \theta_v, \varphi_s - \varphi_v) + T(\theta_s)T(\theta_v)\frac{R}{1 - RS} \right] \tag{4.8}$$

式中，θ_s 是太阳天顶角；φ_s 传感器天顶角；θ_v 是太阳方位角；φ_v 是传感器方位角；T_g 是气体吸收透射率；R_{r+a} 是由分子散射加气溶胶散射所构成的路径辐射反射率；$T(\theta_s)$、$T(\theta_v)$ 分别为太阳-目标、目标-传感器大气路径透射率；S 为球面反照率；R 是地物目标反射率。

通过上面的公式可以得到目标反射率

$$R = \frac{\dfrac{R^*(\theta_s, \theta_v, \varphi_s - \varphi_v)}{t_g} - R_{r+a}(\theta_s, \theta_v, \varphi_s - \varphi_v)}{T(\theta_s)T(\theta_v) + \left[\dfrac{R^*(\theta_s, \theta_v, \varphi_s - \varphi_v)}{T_g(\theta_s, \theta_v)} - R_{r+a}(\theta_s, \theta_v, \varphi_s - \varphi_v) \right] S} \tag{4.9}$$

算法流程见图 4.15，叙述如下：

（1）查找表构建。用 6S 辐射传输模型构建关于大气校正参数 ρ_0、S、T 的查找表。

（2）表观反射率计算：根据本实验研究得到的定标系数将影像 DN 值转换为表观反射率。

（3）角度信息获取：太阳天顶角、方位角通过查询数据描述文件 XML 文件得到。观测天顶角和方位角从 Sat_Zenith_Azimuth.txt 文件中得到。

（4）云检测，剔除有云的像元。

（5）气溶胶光学厚度获取：从 AERONET 站点下载，或由本专题的"谱像合一"方法反演得到。

（6）由像元成像几何及光学厚度插值得到三个大气校正参数。

（7）逐像素进行大气校正，得到地表反射率。

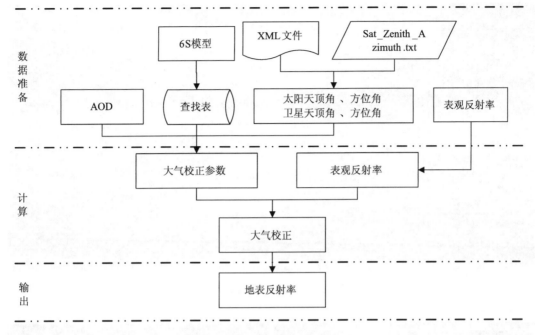

图 4.15　大气校正流程图

3. 算法实验

校正前后的图像视觉效果和反射辐射亮度有明显的变化(图 4.16～图 4.19)。大气校正前，地物受到大气吸收和散射的影响模糊不清，对比度不高。大气校正后，有效地消除了气溶胶和水汽、臭氧等气体的影响，恢复了地物目标的原貌，图像对比度提高。而且，由于短波波段受大气分子散射和气溶胶散射影响更大一些，从图 4.16 中可见，短波(如第一波段)校正前后影像差别较大，而近红外波段受其影响较小，校正前后差别较小。

图 4.16　第一波段校正前(左)和校正后(右)的影像

图 4.17　第二波段校正前(左)和校正后(右)的影像

图 4.18　第三波段校正前(左)和校正后(右)的影像

4. 算法验证

　　将大气校正前后的地表反射率与实测地表反射率进行比较,同时也给出了利用暗像元方法进行大气校正的结果(验证结果见彩图 39、彩图 40)。验证数据及校正误差见表 4.4、表 4.5。

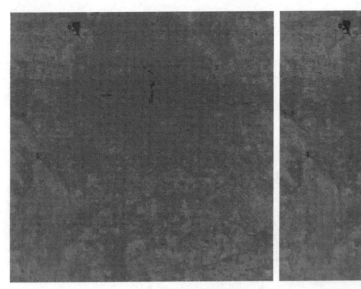

图 4.19　第四波段校正前(左)和校正后(右)的影像

表 4.4　水泥路面大气校正前后及实测反射率和校正误差

表观	暗像元法	本方法	实测	暗像元法不确定度/%	本方法不确定度/%
0.1764	0.15572	0.1166	0.111324	39.88	4.74
0.1618	0.133321	0.1319	0.129863	2.66	1.57
0.1552	0.134746	0.1425	0.1455	7.39	2.06
0.1877	0.175869	0.1648	0.1507	16.70	9.36

表 4.5　植被大气校正前后及实测反射率和校正误差

表观	暗像元法	本方法	实测	暗像元法不确定度/%	本方法不确定度/%
0.1108	0.102333	0.0207	0.026903	280.38	23.06
0.0938	0.091086	0.0444	0.071616	27.19	38.00
0.0623	0.090505	0.0317	0.034944	159.00	9.28
0.3249	0.259069	0.3333	0.364605	28.95	8.59

　　验证结果显示，校正后的地表反射率相比校正前的表观反射率有较大的变化，校正后的地表反射率更接近实测的真实地表反射率，较好地纠正了由于大气散射和吸收对卫星观测数据造成的影响。而同暗像元方法相比，本方法更接近地表实测的反射率，校正精度大幅度提高。上表中给出的数据显示，本方法的大气校正误差基本小于 10%，第一、二波段对于下垫面为植被的校正误差大于 10%，可能由于植被在可见光波段反射率较小，如果减去系统误差(对应地表反射率绝对误差约为 ±0.005)，则精度会有所提升。

4.4 本章小结

  本章基于环境一号卫星 CCD 相机重点探讨了针对污染水体和城市下垫面的高精度大气校正方法。在分析云特性的基础上,结合 CCD 相机的波段特性提出了云检测算法,从检测结果可以看出,该方法可以很好地检测出 HJ-1 星影像上的云像元,尤其是在下垫面为植被、裸土、水体时的云域,但是在云边缘、薄云区域去云效果较差。针对污染水体的大气校正,在遥感器的性能有限情况下,引入地面同步观测数据或长期实地观测资料,利用辐射传输模型提高计算大气信号贡献的精度,实现卫星数据的水环境遥感大气校正。在城市环境的大气校正方面,充分发挥环境星数据较高空间分辨率的优势,研究基于"谱像合一"的城市上空气溶胶光学厚度反演方法,为城市环境大气订正提供更为精确的输入,从而实现高精度的城市环境大气校正。

参 考 文 献

陈蕾,邓孺孺,柯锐鹏,等.2004.基于地面耦合 TM 的影像的大气校正——以珠江口为例.地理与地理信息科学,20(2):37—40.

胡宝新,李小文,朱重光.1996.一种大气订正的方法:BRDF——大气订正环.环境遥感,11(2):151—161.

李先华,蓝立波,黄雪樵,等.1994.卫星遥感数字图像的非均匀大气修正研究.遥感技术与应用,9(2):1—7.

刘振华,赵英时,宋小宁.2004.卫星数据地表反照率反演的简化模式.遥感技术与应用,19(6):78—81.

刘小平,余前,蔡懂.2004.一种实用大气校正法及其在 TM 影像中的应用.中山大学学报论丛,24(3):297—300.

潘德炉,马荣华.2008.湖泊水质遥感的几个关键问题.湖泊科学,20(2):139—144.

孙林.2006.城市地区大气气溶胶遥感反演研究.中国科学院遥感应用研究所硕士学位论文.

田庆久,郑兰芬,童庆禧.1998.基于遥感影像的大气辐射校正和反射率反演方法.应用气象学报,9(4):456—461.

张民伟.2009.Ⅱ类水体遥感反演中的大气校正算法研究进展.海洋科学进展,27(2):266—274.

张玉贵.1994.以气象记录为辅助数据的 TM 影像大气校正方法.国土资源遥感,(4):54—63.

Amone R,Martinolich P,Gould R,et al. 1998. Coastal optical properties using SeaWiFS.

Coppin P R,Bauer M E. 1994. Processing of multi-temporal Landsat TM imagery to optimize extraction of forest cover change features. IEEE Trans. Geosci. Remote Sens,32(4):918—927.

Gordon H R,Wang M. 1994. Retrieval of water-leaving radiance and aerosol optical thickness over the oceans with SeaWiFS:a preliminary algorithm. Appl. Opt. 33:443—452.

Hall F G,Botin D B,Strebel D E,et al. 1991. Large-scale patterns of forest succession,sion as determined byremote sensing. Ecology,72:628—640.

Hu C et al. 2000. Atmospheric Correction of SeaWiFS Imagery over Turbid Coastal Waters:A Practical Method. Remote Sensing of Environment,74:195—206.

Kaufman Y M,Sendra C.1988. Algrithm for Automatic Atmospheric Correction to Visible and Near-Infrared Satellite Imagery. Int. J. RemoteSens,30:231—248.

Li Z Q,Niu K H,Lee J,et al. 2007. Validation and understanding of Moderate Resolution Imaging Spectroradiometer aerosol products (C5) using ground-based measurements from the handheld Sunphotometer network in China. J. Geophys Res,112,D22S07,doi:10.1029/2007JD008479.

Ruddick K G et al. 2000. Atmospheric Correction of SeaWiFS Imagery for Turbid Coastal and Inland Waters. Appl. Opt. 39:897—912.

Schott J R,Salvaggio C,Volchok W J. 1988. Radiometric scene normalization using pseudo invariant features. Remote

Sens. Environ，26：1—26.

Schiller H，Doerffer R. 1999. Neural network for emulation of an inverse model operational derivation of Case II water properties from MERIS data. International Journal of Remote Sensing，20(9)：1735—1746.

Turner R E，Spencer M M. 1972. Atmospheric model for correction of spacecraftdata. In Proc. 8th Int. Symp. Remote Sensing of the Environment. Ann Arbor，MI，895—934.

Vermote E F，Tanre D，Deuze J L，et al. 1997. Second Simulation of the Satellite Signal in the Solar Spectral，6S：An Overview. IEEE Transaction on geoscience and remote sensing，35(3)：675—686.

Wang M，Shi W. 2007. The NIR-SWIR combined atmospheric correction approach for MODIS ocean color data processing. Opt. Express，15：15 722—15 733.

第5章 面向环境遥感监测的环境一号卫星数据融合

随着遥感技术的发展，越来越多的不同类型遥感器被用于对地观测。这些遥感器具有各自的时相、空间分辨率、波段、辐射特性等特点，从而在对地观测的时候，体现了各自不同的优势。为了更充分地利用和开发这些数据资源，数字图像融合技术便应运而生。

针对环境一号卫星多传感器类型，通过融合技术充分利用光学影像、雷达影像、超光谱影像、红外影像的综合信息，根据卫星传感器的互补性、同星不同传感器图像之间的良好配准性（如B星CCD和红外图像同天同地区具有较好的配准性）、CCD数据高时相分辨率等特点，可以开展多种方式的融合。以下将具体介绍环境一号B星CCD与红外数据的融合、环境一号A星超光谱成像仪与CCD数据融合、环境一号CCD数据与SAR数据融合、环境一号CCD多时相数据融合、环境一号CCD数据与其他高分辨率数据融合。

5.1 图像融合研究进展

5.1.1 融合的概念

图像融合，即多传感器信息融合中可视信息部分的融合，是多传感器信息融合的重要分支。它综合来自不同传感器的多源图像信息，通过对多幅图像信息的提取与综合，从而获得对同一场景/目标的更为准确、全面、可靠的图像描述（Pohl and Van Genderen，1998）。

以图像为对象的融合处理方法很多，其目的、手段也各不相同，因此对它们进行准确分类是一个复杂的问题。现在常用的一种图像融合的分类方法为基于图像的表征层的划分，将图像融合分为三级（图5.1）：像素级、特征级和决策级融合（赵英时，2003）。像素级融合是在图像严格配准的条件下直接使用来自各个传感器的信息进行像素与像素关联的融合处理，像素级融合可用来提高信号的灵敏度与信噪比以利于目视观测与特征提取，由于该方法的融合基础是严格的像素对准所以对不同传感器采集视场的配准要求很高。像素级融合也是特征级融合、决策级融合研究的基础。

特征级融合是在像素级融合的基础上，使用参数模板、统计分析、模式相关等方法进行几何关联、目标识别、特征提取的融合方法，用以排除虚假特征，以利于系统判决。其流程为首先对各种数据源进行目标识别的特征提取，如边缘提取、分类等，也就是先从初始图像中提取特征信息——空间结构信息，如范围、形状、邻域、纹理等；然后对这些特征信息进行综合分析与融合处理。

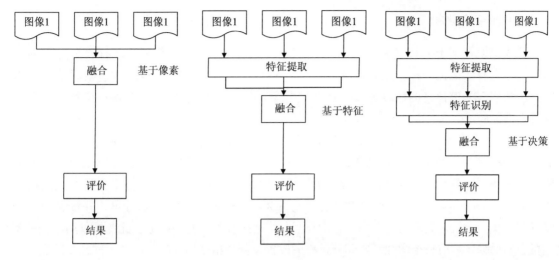

图 5.1　图像融合

决策级融合关联各传感器提供的判决，以增加识别的置信度。决策级融合方法主要是基于认知模型的方法，需要采用大型数据库和专家判决系统模拟人的分析、推理、识别、判决过程，以增加决策的智能化和可靠性。

在图像融合的像素级融合、特征级融合和决策级融合三个级别中，像素级图像融合尽可能多地保留了场景的原始信息，提供其他融合层次所不能提供的丰富、精确、可靠的信息，有利于图像的进一步分析、处理与理解，进而提供最优的决策和识别性能。

5.1.2　图像融合常用方法

常规的图像融合方法有：比值融合、高通滤波、HIS 变化、主成分变换、小波变换等。

1. Brovey 比值融合

Brovey 变换是一种通过归一化后的三个波段的多光谱影像与高分辨率影像乘积的融合方法。Brovey 变换的优点在于锐化影像的同时能够保持原多光谱影像的信息内容，其公式为

$$DN_f = \frac{DN_{B1}}{DN_{B1} + DN_{B2} + DN_{B3}} \cdot DN_{pan} \tag{5.1}$$

式中，DN_f 为融合后的像素值；DN_{Bi} 为多光谱影像中第 i 波段的像素值；DN_{pan} 为高分辨率全色影像的像素值。

利用比值运算可以扩大不同地物的光谱差异。对两个不同时相的遥感影像进行比值运算的融合处理，融合结果虽然使总体色调和纹理细节有所下降，但是在变化区域内的色调表示却异常突出和明显，使一些细微、独立的变化都能够在融合结果中表现出来，这是因为动态变化能够引起融合影像的光谱特征、纹理特征变异，从而在融合结果中突出显示出来。另外，比值运算可以消除共同噪音，消除或削弱地形阴影、云影的影响等。应注意的是，纹理特征的变异不总是变化区域，它还与诸如照度差异、大气条件、地面湿度及两图像间的几何配准精度等因素有关，应与区域变化加以区分。

2. IHS 变换融合

HIS 变换是基于 HIS 色彩模型和应用广泛的融合变换方法(图 5.2)。有两个显著的特点：一是它有效地把一幅彩色影像的红(R)、绿(G)、蓝(B)成分变换成代表空间信息的强度分量和代表光谱信息的色度分量、饱和度分量，这一过程称 HIS 正变换；二是它具有可逆性，即能将 H、I、S 变换成 R、G、B，这一过程称逆变换或反变换。由于人眼对影像强度的分解力比色度和饱和度的分解力高，因此据人眼视觉特性和 HIS 变换的特点，HIS 色彩变换先将多光谱影像进行彩色变换，分离出强度 I、色度 H 和饱和度 S 三个分量，然后将高分辨率全色影像(PAN)与分离的强度分量进行直方图匹配，使之与 I 分量有相同的直方图，最后再将匹配后的 PAN 代替 I 分量与分离的色度 H、饱和度 S 分量，并按照 HIS 逆变换得到空间分辨率提高的融合影像，即空间分辨率提高的多光谱影像。此变换可用于相关资料的色彩增强、地质特征增强、空间分辨率的改善，分类精度的提高，以及不同性质数据源的融合。此方法的局限性在于只能适用于三个波段的变换；另外，新的强度 I 分量与原始的强度 I 分量要具有较大的相关性，以减少融合后图像的畸变。

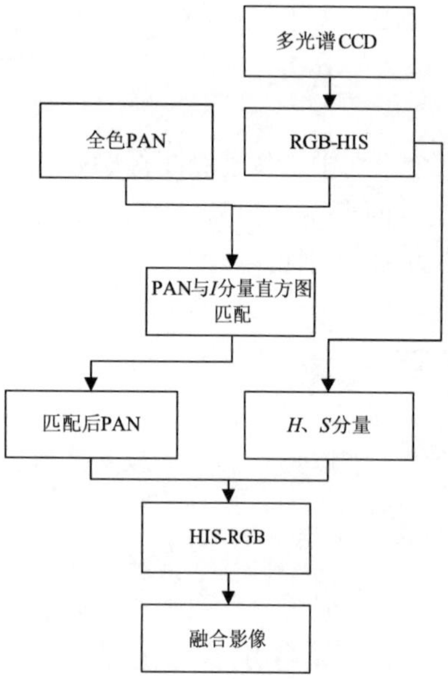

以 ERDAS 软件实现为例，IHS 的算法流程为：

(1) 将多光谱影像进行彩色变换，分离出强度 I、色度 H 和饱和度 S 三个分量

$$\begin{bmatrix} I \\ v_1 \\ v_2 \end{bmatrix} = \begin{bmatrix} 1/\sqrt{3} & 1/\sqrt{3} & 1/\sqrt{3} \\ 1/\sqrt{6} & 1/\sqrt{6} & -2/\sqrt{6} \\ 1/\sqrt{2} & -1/\sqrt{2} & 0 \end{bmatrix} \times \begin{bmatrix} R \\ G \\ B \end{bmatrix} \qquad (5.2)$$

$$S = \sqrt{v_1^2 + v_2^2} \qquad (5.3)$$

$$H = \mathrm{arctg}\left(\frac{v_1}{v_2}\right) \qquad (5.4)$$

(2) 将高分辨率全色影像(PAN)与分离的强度分量进行直方图匹配，使之与 I 分量有相同的直方图。

(3) 将匹配后的 PAN 代替 I 分量与分离的色度 H、饱和度 S 分量，并按照 IHS 逆变换得到空间分辨率提高的融合影像，即空间分辨率提高的多光谱影像。

$$\begin{bmatrix} R \\ G \\ B \end{bmatrix} = \begin{bmatrix} 1/\sqrt{3} & 1/\sqrt{6} & 1/\sqrt{2} \\ 1/\sqrt{3} & 1/\sqrt{6} & -1/\sqrt{2} \\ 1/\sqrt{3} & -2/\sqrt{6} & 0 \end{bmatrix} \times \begin{bmatrix} I \\ v_1 \\ v_2 \end{bmatrix} \qquad (5.5)$$

图 5.2 IHS 变换融合

(4) 拉伸得出融合影像。

3. PCA 变换融合

主成分变换是遥感数字图像处理中运用比较广泛的一种算法，是在统计特征基础上的多维(多波段)的正交线性变换。主成分变换将各种光谱图像均视为一个随机变量。融合时首先

求它们的协方差矩阵的特征值和特征向量，然后将特征向量按对应特征值的大小从大到小排列并得到变换矩阵，最后对多光谱图像作变换，并按应用的目的和要求取前面几个图像进行融合。遥感图像的不同波段之间往往存在着很高的相关性，这可通过 PCA 变换，把多波段图像中的有用信息集中到数量尽可能少的新的主成分图像中，并使这些主成分图像之间互不相关，从而大大减少总的数据量，并使图像信息得到增强。利用 PCA 变换就可以很方便地将影像的结构信息通过第一主分量表达出来。由此可见，PCA 变换对影像编码，影像数据压缩，影像增强，图像变化探测，多时相影像融合非常有用。其方法是将多光谱的多个波段先做主分量变换，将高分辨率全色影像与第一主分量进行直方图匹配，然后用匹配后的高分辨率影像代替第一主分量，最后进行反主分量变换，得到空间分辨率提高了的多光谱影像的融合影像。

　　方法与 IHS 类似，但由于第一分量表示多光谱图像最大变化，而 I 分量只是表示平均变化，因此 PC1 与全色图像一般有较高相关性，光谱畸变相应会较小。但对于 SAR 图像和红外图像，相关性还是很小，需要做进一步处理改进融合方法来减少光谱畸变。

　　以 ERDAS 软件实现为例，PCA 的算法流程如图 5.3 所示。

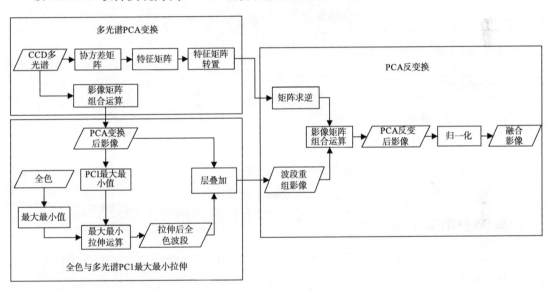

图 5.3　PCA 变换融合算法流程

　　（1）将多波段影像进行 PCA 变换。

　　（2）将高分辨率影像与 PC1 分量进行最大最小拉伸，拉伸后全色与 PCA 其他分量进行叠加（拉伸后全色替代 PC1 分量）：

$$(\mathrm{HIGH} - H_{\min}) \times \frac{P_{\max} - P_{\min}}{H_{\max} - H_{\min}} + P_{\min} \tag{5.6}$$

　　（3）PCA 逆变换，得到融合影像，进行 255 拉伸：

（影像－影像最小值）×255/（影像最大值－影像最小值）

4. HPF 融合

一幅图像通常由不同的频率成分组成的，对于遥感图像来说，高频分量包含了影像的空间结构，低频部分则包含了光谱信息。由于我们进行遥感影像融合的目的在于尽量保留低分辨率的多光谱图像的基础上加上高分辨率全色图像的细节信息。因此，我们可以用高通滤波器算子提取出高分辨率图像的细节信息，然后简单地采用像元相加的方法，将提取出的细节信息叠加到低分辨率图像上，这样就实现了多光谱的低分辨率图像和高分辨率全色图像之间的数据融合。

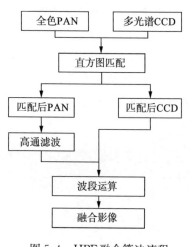

图 5.4　HPF 融合算法流程

以 ERDAS 软件实现为例，HPF 的算法流程如图 5.4 所示。

以全色影像 PAN 和 CCD 多光谱影像 MUL 为原数据，进行融合。

（1）PAN 与 MUL 各波段进行直方图匹配。

（2）对匹配后的 PAN 进行高通滤波（选择几种常用的高通滤波器）。

如：

$$\text{kernel} = \begin{matrix} -1 & -1 & -1 & -1 & -1 \\ -1 & -1 & -1 & -1 & -1 \\ -1 & -1 & 24 & -1 & -1 \\ -1 & -1 & -1 & -1 & -1 \\ -1 & -1 & -1 & -1 & -1 \end{matrix} \tag{5.7}$$

（3）将高通滤波后的 PAN 分别加入 MUL 各波段。

（4）将生成的各个波段进行彩色合成成为融合影像。

5. SFIM 融合

SFIM 融合算法是一种在保持影像光谱特性的同时提高融合影像空间分辨率的融合方法。SFIM 算法公式定义为

$$\text{IMAGE}_{\text{SFIM}} = \frac{\text{IMAGE}_{\text{low}} \times \text{IMAGE}_{\text{high}}}{\text{IMAGE}_{\text{mean}}} \tag{5.8}$$

式中，$\text{IMAGE}_{\text{low}}$ 和 $\text{IMAGE}_{\text{high}}$ 分别为配准后的多光谱影像和全色影像相应像素的亮度值；$\text{IMAGE}_{\text{mean}}$ 为全色影像通过均值滤波去掉其原全色影像的光谱和空间细节信息后得到的低频纹理信息影像。

以 ERDAS 软件实现为例，SFIM 的算法流程如下：

（1）去掉高分辨率影像的光谱和地形信息，即

$$\frac{\text{IMAGE}_{\text{high}}}{\text{IMAGE}_{\text{mean}}} \tag{5.9}$$

（2）将剩余的纹理信息直接添加到多光谱影像中。

$$\text{IMAGE}_{\text{SFIM}} = \frac{\text{IMAGE}_{\text{low}} \times \text{IMAGE}_{\text{high}}}{\text{IMAGE}_{\text{mean}}} \tag{5.10}$$

6. 小波融合

在目前常用的图像融合技术中，基于多分辨率分析的图像融合方法是应用非常广泛并极其重要的一类算法。由于其融合过程是在不同尺度、不同空间分辨率、不同分解层上分别进行。

基于小波变换的多传感器图像融合的物理意义在于：

（1）通常图像中的物体、特征和边缘出现在不同大小的尺度上，因此，任何一幅特定比例（尺度）的地图都无法清晰地反映所有特征和细节信息。图像小波分解是多尺度、多分辨率分解，其对图像的分解过程可以看作是对图像的多尺度边缘提取过程，同时，小波的多尺度分解还具有方向性。若将小波变换用于多传感器图像的融合处理，就可能在不同尺度上，针对不同大小、方向的边缘和细节进行融合处理。

（2）小波变换具有空间和频域局部性，利用小波变换可以将融合图像分解到一系列频率通道中，这样对图像的融合处理是在不同的频率通道分别进行。而人眼视网膜图像就是在不同的频率通道中进行处理的，因此基于小波变换的图像融合有可能达到更好的视觉效果。

（3）小波变换具有方向性，人眼对不同方向的高频分量具有不同的分辨率，若在融合处理时考虑到这一特性，就可以有针对性地进行融合处理，以获取良好的视觉效果。

（4）对参加融合的各图像进行小波金字塔分解后，为了获得更好地融合效果并突出重要的特征细节信息，在进行融合处理时，不同频率分量、不同分解层、不同方向均可以采用不同的融合规则及融合算子，这样就可能充分挖掘被融合图像的互补及冗余信息，有针对性地突出或强化感兴趣的特征和细节信息。

图像分解的基本理论是分解成低通和高通成分，如低通滤波形成低频率图像，从原始图像中减去低频率图像就形成高频率图像，这两幅图像中包含了原始图像的所有信息，如果加在一起，就能得到原始图像。融合过程如图 5.5 所示。

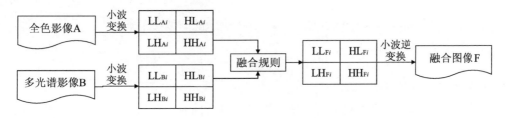

图 5.5　小波融合过程示意图

5.1.3　融合效果评价

多源图像融合，因涉及不同数据源，不同应用目标，因而融合方法十分不同，融合结果的评价也比较复杂。

目前，融合评价主要是通过主、客观相结合的方式进行评价(郭雷等，2008)，即从观察者的目视效果进行主观评价、通过多种统计分析方法来进行融合图像质量的评价、通过应用目标的适用性进行应用评价。

1. 融合图像质量的主观评价

图像的主观评价就是以人作为观察者，对图像的优劣做出主观定性评价。该方法受观察者、图像类型、应用场合和环境条件的影响较大，只在统计上有意义，但是它比较容易实现，对最终的图像质量评测也是十分有用的。选择主观评价的观察者可考虑两类人：一类是未受训练的"外行"观察者；一类是训练有素的"内行"。表5.1给出了国际上规定的图像评价的五级质量尺度和妨碍尺度(也称为图像主观评价的5分制)。对一般人来讲多采用质量尺度，对专业人员来讲，则多采用妨碍尺度。为了保证图像主观评价在统计上有意义，参加评价的观察者应足够多。

表 5.1　主观评价尺度评分表

分数	质量尺度	妨碍尺度
5	非常好	丝毫看不出图像质量变坏
4	好	能看出图像质量变坏，但并不妨碍观看
3	一般	清楚地看出图像质量变坏，对观看稍有妨碍
2	差	对观看有妨碍
1	很差	非常严重地妨碍观看

2. 融合图像质量的客观评价

融合图像的主观评价容易受到人的视觉特性、心理状态等多方面的影响，因此需要进行客观评价。这些指标主要有基于信息量的指标(熵、联合熵)、基于梯度的指标、基于相关性的指标、基于统计值的指标、基于信噪比的指标等。以下为本次研究中用到的一些指标：

1) 信息熵分析算法

根据香农(Shannon)信息论的原理，一幅8bit表示的图像x的熵为

$$H(x) = -\sum_{i=0}^{255} p_i \log_2 p_i \qquad (5.11)$$

式中，p_i为图像像素灰度值i的概率。

计算信息熵的方法可以客观的评价融合影像在融合前后的信息变化，但将信息量的增减作为衡量遥感影像质量好坏的唯一标准是不合适的。

2) 清晰度分析算法

图像的清晰度表示影像边界的清晰程度，数字遥感影像的清晰程度可用相邻像元之间在x,y两个方向的灰度变化速率的加权平均值来表达。清晰度的数值本身没有绝对的意义，只是用于相互比较的一种指标，并且由于地物种类的不同清晰度有很大的差异。

$$EAV = \sum_a^b (df/dx)^2 / abc[f(b) - f(a)] \tag{5.12}$$

式中，df/dx 为垂直于边缘的灰度变化率；$f(b) - f(a)$ 为该垂直边缘方向的灰度差。

若图像质量较好，将反映为图像的边缘清晰，边缘相邻像素的灰度差异较大，易于人眼的判识，对公式而言，就是 df 值将较大，在都取某像素八邻域的情况下，dx 数值将没有明显的变化，那么最终 EAV 较大。所以图像清晰，则 EAV 数值大。

3) 信噪比分析算法

计算峰值信噪比(SNR)的方法是评价影像压缩前后质量变化的常用方法。其定义式如下：

$$SNR = -10 \lg \frac{MSE}{255 \times 255}$$
$$MSE = \frac{1}{ROW \times COL} \sum_{i=0}^{ROW-1} \sum_{j=0}^{COL-1} (\hat{x}_{ij} - x_{ij})^2 \tag{5.13}$$

式中，ROW，COL 分别为图像的高和宽；$\hat{x}_{ij}$，x_{ij} 分别表示原始影像和解压影像在 (i,j) 处的像素灰度值。

5.2　面向环境遥感监测的环境一号卫星图像融合技术

根据环境一号卫星各载荷的特点(表 5.2)，设计针对环境卫星各载荷的融合技术。具体包括：基于环境一号卫星 A 星的 CCD 与高光谱数据融合、基于环境一号卫星 B 星的 CCD 与红外相机的融合、基于环境一号卫星多时相 CCD 数据的融合、基于环境一号卫星 SAR 与 CCD 的融合。

表 5.2　环境一号卫星载荷的特点

平台	有效载荷	波段号	光谱范围/μm	波段特点	空间分辨率/m	幅宽/km	侧摆能力	重访时间/天
HJ-1A	CCD 相机	B01	0.43～0.52	增加水下信息	30	360（单台）700（两台）	—	4
		B02	0.52～0.60	植物绿反射强烈	30			
		B03	0.63～0.69	叶绿素吸收带	30			
		B04	0.76～0.9	植被高反射区	30			
	超光谱成像仪	—	0.45～0.95（110～128个谱段）	蓝至近红外，与 CCD 波段范围相近	100	50	±30°	4
HJ-1B	CCD 相机	B01	0.43～0.52		30	360（单台）700（两台）	—	4
		B02	0.52～0.60		30			
		B03	0.63～0.69		30			
		B04	0.76～0.9		30			

平台	有效载荷	波段号	光谱范围/μm	波段特点	空间分辨率/m	幅宽/km	侧摆能力	重访时间/天
HJ-1B	红外多光谱相机	B05	0.75~1.10	水陆边界、海冰、滩涂	150（近红外）	720	—	4
		B06	1.55~1.75	(1.4, 1.9)水分胁迫区、云、雪反差大，信息量大				
		B07	3.50~3.90	中红外（300k~500k）				
		B08	10.5~12.5	温度（200k~340k）	300			
HJ-1C	合成孔径雷达(SAR)	B01	9.375 cm（S波段）	水分、林地	20 m(4 视) 5 m(单视)	100(扫描模式) 40(条带模式)	31°~44.5°	4

5.2.1 基于环境一号卫星 B 星的 CCD 与红外数据融合

利用 B 星 CCD 图像与红外相机中、远红外数据进行融合，可以增强 CCD 多光谱数据对热红外的解读，辅助与一定图像增强、图像表征，可用于火点/热源识别及制图中(覃先林等，2007，2008)。另外红外相机短波红外与 CCD 融合，可以很好地进行植被、草地等生态系统水分胁迫监测。

以下是利用环境一号卫星 B 星的数据，进行 CCD 与红外相机融合的一个例子(图 5.6)。

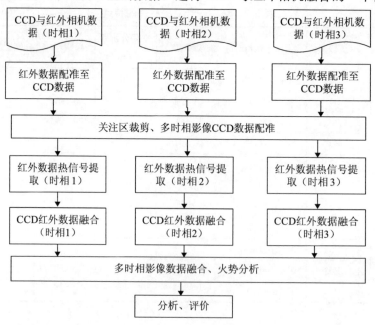

图 5.6 基于环境 B 星 CCD 与红外相机融合的火势监测数据处理流程

2009 年 2 月 7 日，澳大利亚维多利亚州爆发历史上最严重的山火灾害，大火持续了 1 个多月。在这一个多月的过程中，为协助澳方对火势进行监测，我国环境一号卫星对澳火势进行成像，并获取了一批多时相 CCD 以及红外数据。此处选择维多利亚州威尔逊角林火为研究对象，研究表明对 B 星 CCD、红外数据进行融合，可以较好地进行火势动态监测。

1. 特征提取

利用红外第三波段对火势的敏感性，提取卫星成像时火势。由于中红外波段缺少外场定标系数、条带明显、大气校正难度大的特点，进行数值温度反演有一定难度。因此本次研究通过经验判读对林火的特征进行分析，表明：林火高温点 DN 值一般大于 21，并且由于火势的成片性，形成一定规模的火场，火场中正在燃烧的区域 DN 值一般大于 27。基于这个特点，对中红外波段进行火场范围提取。提取结果如图 5.7 至图 5.10。

图 5.7　2009 年 2 月 16 日红外相机第三波段图像　　图 5.8　2009 年 2 月 16 日火场特征提取图像

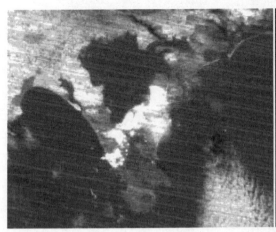 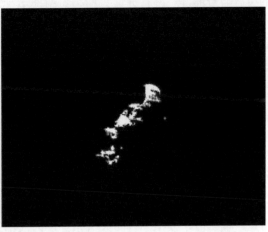

图 5.9　2009 年 2 月 23 日红外相机第三波段图像　　图 5.10　2009 年 2 月 23 日火场特征提取图像

2. 叠加融合显示

通过红外相机数据提取出的火场信息，需要在 CCD 数据上进一步加强展现，使得图像更具有可解读性。此处采用了两种方式：一是采用叠加的方式，即直接将火势特征图叠加至 CCD 图像上；二是利用 CCD 数据红光波段和特征火场进行叠加计算，生成新的红光波段，再和 CCD 数据的蓝光、绿光波段进行彩色合成(见彩图 42~彩图 45)。

3. 多时相分析

多时相分析目的主要是分析火场的变化及发展趋势。由于 2009 年 3 月 11 日红外图像无火场信息，本次研究则以 2009 年 2 月 23 日与 2 月 16 日火场信息进行叠加分析。生成火场范围变化图(火场空间范围的变化)，以及对持续火场区火势强度变化图(彩图 46~彩图 47)。由于红外相机第三波段定量反演存在一定难度，强度变化以通过灰度值变化来表达，其计算公式为：$(DN_{23}-DN_{16})/\max(DN_{23}-DN_{16})$。从变化图上可知，2009 年 2 月 16 日至 2 月 23 日火场范围有增有减，从强度图的变化可知，16 日至 23 日火势强度在减弱，表明火势得到一定程度的控制。

5.2.2　基于环境一号卫星 A 星的超光谱成像仪与 CCD 数据融合

环境一号卫星超高光谱与 CCD 光谱响应范围一致(均为蓝波段至近红外波段)，对于 A 星而言，同步获取的超光谱图像和 CCD 图像具有较大相关性，利用融合的方式可以获取中分辨率、高光谱分辨率地面影像(Adams et al.，1986；Winter and Michael，1999；Richards，1999)。对于开展土地利用的精细分类，目标识别具有重要利用价值。

利用环境一号小卫星 A 星上搭载的 CCD 相机与超光谱成像仪，对洪河国家级湿地自然保护区进行监测。A 星 CCD 相机与超光谱成像仪由于具有相似的成像条件，因此可以对两个载荷的数据进行融合处理，增强对湿地植被的辨识。

选取 2009 年 8 月 5 日环境一号 A 星 CCD 与超光谱成像仪(HSI)同时成像的洪河国家级湿地自然保护区影像。对两景影像先进行标定，再分析两者在光谱域上的特点，根据两者的特点设计融合算法，最后对融合算法进行评价。

1. 平域场定标

为对环境一号卫星 A 星 CCD 及高光谱数据进行融合处理，首先要使得两个传感器的数据相对归一化，以便于相互比较。因此对数据进行定标和大气校正，获取地面的地表反射率。本次研究采用光谱反演的统计学模型平场域定标法(童庆禧等，2006)，对数据进行处理。

平场域法是选择图像中一块面积大且亮度高而光谱响应曲线变化平缓的区域，利用其平均光谱辐射值来模拟飞行时大气条件下的太阳光谱。将每个像元的 DN 值与该平均光谱辐射值的比值作为地表反射率，以此来消除大气的影响，即

$$\rho_\lambda = R_\lambda / F_\lambda \tag{5.14}$$

式中，ρ_λ 为相对反射率；R_λ 为像元辐射值；F_λ 为定标点(平域场)的平均辐射光谱值。

使用平域场法消除大气影响并建立反射率光谱图像有两个重要前提：①平域场自身的平均光谱没有明显的吸收特征；②平场域辐射光谱重要反映的是当时大气条件下的太阳光谱。根据研究区特点，本次研究选取的平场域如彩图 48 所示。

2. 定标结果光谱分析

对定标后的图像选取典型地物，分析超光谱数据与 CCD 数据的地物波谱曲线。从图 5.11～图 5.14 中可以看出：①从相对反射率的值来分析可知，林地具有较高的反射率，并且近红外的反射峰比较明显，符合地面光谱仪的测量，其他典型地物波谱与测试值的波形形态也相似；②典型地物 CCD 波谱和 HSI 波谱具有相似的走势，一致性较高；③但由于高光谱辐射分辨率要大于 CCD(辐射分辨率表现为可分辨的灰度阶梯数，HIS 为无符号整型，CCD 为字节型)，因此相对反射率一般要高于 CCD；④由于高光谱高波谱分辨率，高光谱比 CCD 典型地物的波谱具有更为精细的波谱特征。

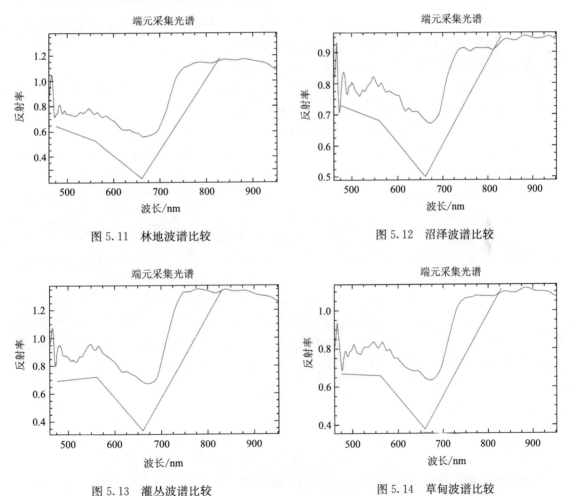

图 5.11　林地波谱比较　　　　　　　　　图 5.12　沼泽波谱比较

图 5.13　灌丛波谱比较　　　　　　　　　图 5.14　草甸波谱比较

3. 融合算法设计

由于 A 星上 CCD 数据、超光谱数据为同一时刻获取的数据，因此经过平场域定标后的数据应该完全吻合，但由于两个光学系统的中心波段设置、成像系统信号响应方式等的不同，两个光学系统实际存在一定系统偏差。本次融合算法研究就是利用两个光学系统成像的同时性，消除两者之间的系统偏差，再利用较高空间分辨率的 CCD 数据为基础数据，在光谱域插值、融合，得到基于 A 星成像特点的 CCD 与超光谱融合数据。

根据 CCD 与超光谱数据的光谱特点，设计具体的光谱融合算法为：

（1）CCD 原始数据 CCD_{30} 重采样至超光谱成像仪的空间分辨率 100m，得到 CCD_{100}；然后将 CCD_{100} 的 4 个波段在超光谱 115 个光谱谱段上进行插值，得到 $CCD_{100\sim115}$：

$$CCD_{100} = congrid(CCD_{30}) \tag{5.15}$$

$$CCD_{100\sim115} = interpol(CCD_{100}, 4, 115) \tag{5.16}$$

式中，congrid 表示在空间二维尺度上进行插值；interpol 表示在光谱的一维尺度上进行插值。

（2）由于超光谱成像仪与 CCD 在光谱上的响应动态范围不同，依据 CCD 数据的动态范围对超光谱数据进行归一化，得到归一化后的 HSINM：

$$Mult = \{max(CCD_{100\sim115}[m,n,{}^*]) - min(CCD_{100\sim115}[m,n,{}^*])\}/$$
$$\{max(HSI[m,n,{}^*]) - min(HSI[m,n,{}^*])\}$$
$$HSI_{NM}[m,n,{}^*] = (HSI[m,n,{}^*] - min(HSI[m,n,{}^*])) * Mult + \tag{5.17}$$
$$min(CCD_{100\sim115}[m,n,{}^*])$$

式中，$CCD_{100\sim115}[m,n,{}^*]$ 为矩阵 $CCD_{100\sim115}$ 第 m 数；n 为行数，所有波段的值，其余表示意义相同。

（3）CCD 数据（$CCD_{100\sim115}$）与超光谱数据（HSI_{NM}）在各个像素点上的差值，得到系统差值（$Delta_{100\sim115}$）：

$$Delta_{100\sim115} = HSI_{NM} - CCD_{100\sim115} \tag{5.18}$$

（4）CCD 数据（CCD_{30}）4 个波段在超光谱 115 个光谱谱段上进行插值，得到超光谱 CCD 数据（$CCD_{30\sim115}$），系统差值（$Delta_{100\sim115}$）100m 分辨率尺度插值到 30m 分辨率，得到 $Delta_{30\sim115}$：

$$CCD_{30\sim115} = interpol(CCD_{30}, 4, 115) \tag{5.19}$$

$$Delta_{30\sim115} = congrid(Delta_{100\sim115}) \tag{5.20}$$

（5）插值后的 CCD 数据（$CCD_{30\sim115}$）加上两个光学成像系统系统差值（$Delta_{30\sim115}$），得到 CCD 与 HIS 融合图像（CCD_HSI）：

$$CCD\_HSI = CCD_{30\sim115} + Delta_{30\sim115} \tag{5.21}$$

4. 融合结果及评价

1）主观评价

从三波段 RGB 颜色合成的视觉效果上看，融合后的图像基本上在空间分辨率和颜色表征方面能达到融合前 CCD 数据的性能。细节纹理上，融合后的图像在细节纹理上比融合前超光谱图像更清晰，尤其是不同植被类型的边界，融合后图像更为清晰。颜色上，由于融合后图像按照 CCD 的响应动态范围进行了光谱上的归一化，可以看出融合后图像颜色更为鲜艳（见彩图 50）。

2）融合前后光谱比较

任意选择几个有代表意义的地物点，对融合前超光谱数据和融合后数据的波谱进行比较。从波形的对比中可以看出融合前超光谱数据与融合后数据波峰波谷位置上基本一致，但融合后数据光谱的动态范围较原始波谱有较大提升（彩图 51）。

3）融合前后分类效果评价

利用光谱角填图技术对融合前超光谱数据和融合后数据进行分类。从彩图 51 中可以看出：融合前超光谱 SAM 分类图斑较大，而融合后图像 SAM 分类的图斑较为细碎。这主要是融合后图像在空间尺度上更为细化地对地物进行了表达（彩图 52）。

5.3　基于环境一号卫星 CCD 与 SAR 数据融合

多光谱遥感图像数据与成像雷达数据之间，由于成像机理、几何特征、波谱范围、分辨能力等均差异较大，反映的地物特征有较大不同。利用环境 C 星 S 波段 SAR 图像后向散射强度受地面粗糙度影响，对地面地形、几何结构形态敏感。因此，可以基于图像边缘检测的 SAR、CCD 融合，增强地物边界信息，可应用于城市、耕地、大型工程、工矿区等的动态监测。利用环境 C 星 S 波段的 SAR 对林地穿透性，可以大大增加 CCD 融合图像林地光谱的可分性。此融合可应用于乔木生态系统的分类，如红树林分类等。

环境卫星 CCD 与替代的 SAR 数据（ENVISAT 数据）融合实例见图 5.15、彩图 53 和彩图 54。

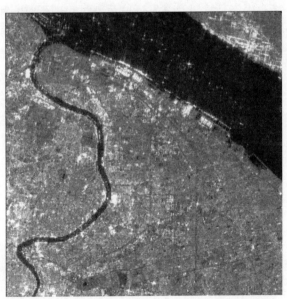

图 5.15　ENVISAT SAR-HH 极化影像图

　　SAR 图像对城市结构、码头、船只信息能形成较强监测能力,因此,采用波段合成的融合方式,可以将 SAR 图像上的强信息反映到 CCD 图像上。从融合图中可以看出,在城市、河边码头、船只处,显示红色。在平原地区,由于 SAR 受介电常数的影响(土壤含水量),一定程度上反映土壤的水分信息;但 SAR 信息强度较小,主要反映的还是 CCD 的纹理结构。

5.4　基于环境一号卫星多时相 CCD 数据融合

　　CCD 数据时间分辨率较高,同一研究区能获取较多多时相遥感数据,这为对研究区开展多时相融合提供了充足的数据基础。一般来说,多时相遥感数据融合主要有两个目标:一是利用光谱特征时间效应(即地物光谱特征随时间变化的特征),来提高专题信息的识别能力和分类精度;二是利用地面目标不同时序的变化信息,进行动态分析、变化检测,如资源与环境的变化、城市的扩展、湖泊的消长、河流的迁徙等。

　　环境一号卫星 CCD 不同时相的数据,通过不同波段组合,可以很好地满足图像分类、解译的要求(见彩图 55~彩图 57)。

　　融合后的图像具有更强的地物识别能力,例如对红框 1、2、3 内地物,在原始 CCD 图像上很难分辨,但在融合图像上则能较好地分辨(合成方式:9 月 30 日(4)-R,9 月 30日(3)-G,12 月 26 日(2)-B)。

5.5　本 章 小 结

　　本章针对环境一号卫星的环境遥感数据的特点,在分析各数据源特点的基础上,结合对大尺度空气环境、水环境、生态环境以及突发环境污染时间进行监测和评价工作的需要,采用多种统计参数方法进行波段信息含量和波段相关性等方面的分析与评价,综合利用环境一号卫星各载荷的成像优势,获取具有更高空间分辨率、更高光谱分辨率、更高时相分辨率或更适应应用目标的融合数据,是进行环境卫星数据融合的最终目标。融合数据能对下一步信息提取、精细分类制图、目标识别提供较高质量的数据源,并进一步开拓环境一号数据的应用范围。

参 考 文 献

董广军,张永生,范永弘.2006. PHI 高光谱数据和高空间分辨率遥感图像融合技术研究. 红外与毫米波学报,25(2): 123－126.

郭雷,李晖晖,鲍永生.2008. 图像融合. 北京:电子工业出版社.

刘贵喜.2005. 多传感器图像融合方法. 西安:西安电子科技大学.

覃先林,张子辉,李增元,等.2007. 基于 AATSR 数据的东北林火识别方法研究. 遥感技术与应用,22(4):479－484.

覃先林,李增元,易洁若,等.2008. 基于 ENVISAT-MERIS 数据的过火区制图方法研究. 遥感技术与应用,23(1): 1－7.

童庆禧,张兵,郑兰芬.2006. 高光谱遥感. 北京:高等教育出版社.

熊文成，魏斌 . 2010. 基于环境一号卫星 B 星 CCD 与红外相机融合的澳洲火灾监测 . 遥感技术与应用，25(2)：178—182.

熊文成，魏斌 . 2011. 基于环境卫星 A 星 CCD 与高光谱数据融合方法 . 遥感信息，(6)：79—82.

王桥，魏斌 . 2010. 基于环境一号卫星的生态环境遥感监测 . 北京：科学出版社.

赵英时 . 2003. 遥感应用分析原理与方法 . 北京：科学出版社.

Adams J B，Smith M O，Johnson P E. 1986. Spectral Mixture Modeling：A New Analysis of Rock and Soil Types at the Viking Lander Site. J. Geophysical Research，91：8098—8112.

Pohl C，Van Genderen J L. 1998. Multisensor image fusion in remote sensing：concepts，methods and applications. International Journal of Remote Sensing，19(5)：823—854.

Richards J A. 1999. Remote Sensing Digital Image Analysis：An Introduction. Springer-Verlag，Berlin，Germany.

Winter，Michael E. 1999. Fast Autonomous Spectral Endmember Determination in Hyperspectral Data. Proceedings of the Thirteenth International Conference on Applied Geologic Remote Sensing，Vancouver，BC，Canada，2：337—344.

第6章　环境一号卫星遥感数据处理系统

面向环境遥感监测的需求，通过系统架构设计、功能设计、流程设计、系统研制、系统集成，初步形成面向环境遥感监测的环境一号卫星遥感数据处理系统，实现多源环境遥感数据的高精度辐射校正和交叉辐射定标，多尺度环境遥感数据自动配准，面向环境遥感监测的大气订正，面向环境遥感监测的数据融合等，为环境一号卫星影像提供一个实用的处理平台。

6.1　数据处理系统总体指标

数据处理系统总体指标主要包括功能指标与性能指标[①]。

6.1.1　功　能　指　标

（1）具有常规遥感数据处理功能模块，包括滤波、增强、分类、几何纠正、投影变换等。

（2）软件功能模块包含本研究研制开发的主要算法和模型，主要包括光学影像辐射定标、雷达影像辐射定标、城市大气校正、水体大气校正、影像配准、影像融合。

6.1.2　性　能　指　标

（1）支持环境一号国产遥感器和国际常用传感器数据的处理。

（2）支持多格式数据的互操作性，包括工业标准格式、专门遥感数据记录格式、重要机构专用数据格式及其他主要图像处理和GIS的数据格式等的自动识别和存取转换技术。

（3）软件体系结构开放，易于伸缩、扩展和集成新的功能特性。

（4）易于操作使用的用户界面，支持标准的 Windows 操作界面，具有良好的交互特性。

（5）对海量数据处理支持，支持GB级数据的存取技术和快速漫游显示技术。

6.2　数据处理系统方案设计

6.2.1　架构设计方案

系统体系结构的设计以开放性、可扩展、可伸缩为主要设计原则，以构造健壮、高效、易用的底层平台为主要设计目标。根据研究特点将各个研究成果软件集成，以形成环境一号卫星遥感数据处理系统，故采用分层的体系结构进行系统设计。分层结构的特点是可以通过

---

① 参见：环境一号卫星遥感数据处理系统集成合同书，2011

隔离系统各通用程度不同的部分，隐藏各层的实现细节，低层次不必关心高层次的细节与接口，因此降低了系统的复杂度①。

系统体系结构将分为四层：

(1)系统驱动层，处于系统最底层，主要为上一层提供与操作系统平台相关的底层服务，如硬件设备驱动接口、网络通讯接口、数据库系统接口等。

(2)中间件层，构筑在系统驱动层的基础上，为上层提供不依赖于操作系统平台的服务，如图形用户界面驱动构件、可视化引擎构件、数据引擎构件(为上层提供数据但独立于底层平台)、实用工具构件等。这些构件主要提供给共性处理层使用，使得共性处理层能够专注于应用领域内具有共性的处理服务。

(3)通用处理层，建立在中间件层之上，为上层提供具有共性的通用服务，这些服务不是针对领域内某个专一的应用开发的，而是具有通用性，可为大多数的应用模块所使用的服务。

(4)高级处理层，构建在通用处理层上，以通用处理层提供的服务，将特定高级处理模块集成。用户在该层可获得高级应用服务。

系统体系结构如图 6.1。

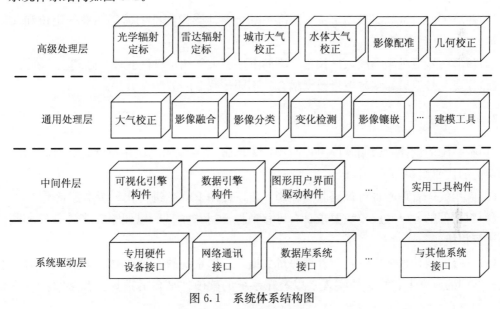

图 6.1　系统体系结构图

6.2.2　功能设计方案

1. 功能设计

1) 基本图像处理

(1)输入输出：支持通用图像格式、遥感软件格式、卫星影像格式、应用图像格式等格式的输入输出及双向转换。

（2）数据可视化：多种数据可视化方式（灰度、伪彩色、索引彩色、真彩色）；对海量遥感数据实时漫游显示、定比例放缩、开窗变比例放缩、特殊显示效果（卷帘、透明叠加、闪烁）；多数据集地理关联显示；多层数据叠合显示；多分辨率数据集自动镶嵌显示。

（3）图像编辑：基本图像属性的查询与统计、栅格编辑、波段/图层管理、影像裁切/重采样、图像镜像与旋转、数据拉伸、波段堆栈等。

（4）图像增强：直方图调整、自适应拉伸、直方图正态化、直方图均衡、亮度对比度调整、伽马调整、彩色增强等。

（5）图像滤波：卷积滤波、去噪滤波、统计滤波、纹理滤波、增强滤波、Wallis 滤波、雷达影像滤波等。

2）高级图像处理

（1）环境一号卫星数据高精度辐射校正：HJ-1 各传感器探元归一化、HJ-1 各传感器辐射交叉定标等。

（2）环境一号卫星数据自动定位与配准：基于自动影像配准的遥感图像的定位和几何精校正等。

（3）环境一号卫星高精度大气校正：不同下垫面大气纠正算法验证与处理。

（4）环境一号卫星和多源卫星数据融合：不同传感器间的融合方法。

2. 功能特性

（1）本系统的设计应遵循软件工程原理，采取分层结构和模块化设计，具有相同层次和相似功能的代码组织为独立代码包。

（2）应用代码管理库进行代码版本控制，建议使用 PVCS 进行代码版本控制。

（3）对软件的各个底层模块要求具有可移植性和可维护性，以便于在多种软件和硬件平台上进行移植。

（4）系统的设计目标之一是能处理海量数据，所以系统的设计必须以大影像作为出发点，在数据结构的定义上、算法的实现上以及在系统的软硬件平台的选择上都必须给予充分的考虑。

（5）硬盘 I/O 效率限制：由于系统将要处理超过 2G 的数据，在 Win 32 平台上，不能直接处理。在策略上采用与物理内存无关的处理方法。因此，硬盘的 I/O 效率是数据访问的瓶颈。

（6）运行库开发技术限制：运行库作为本平台的底层，应该具有良好的可移植性。因此在开发工具的选择上采用 C/C++，在方法上采用面向对象的开发方法。

（7）应用程序开发技术限制：应用程序是运行库的封装和应用，在调用上要求高效率。因此考虑使用 Microsoft Visual C++ 6.0 作为开发环境。此外为了弥补 VC++在界面开发上的不足，采用商用界面库 Xtream Toolkit 等作为有效的补充。

（8）按照研究要求制定软件开发标准及相关技术规范进行代码编写。

6.2.3　接口设计方案

1. 用户接口 GUI 设计

图形化用户界面(GUI)是用户与系统交互的重要接口，美观而专业的 GUI 设计可以使得系统易于使用，能够尽量减少用户查看手册的需要，用户能用它完成各种不同的任务。GUI 的设计人员应该遵循应用平台的操作系统所设立的或所特有的标准，这样用户可以比较容易使用他们以前没有用过的程序，因为该程序的使用方式与他们所熟悉的操作系统程序相似[1][2]。以下是界面设计应遵循的几个规范：

(1) 用户界面的主要功能是双向传递信息。

(2) 界面风格必须前后一致。

(3) 界面必须使用户知道任务的当前进行情况。

(4) 界面必须包括帮助和如何获得帮助的信息。

(5) 程序必须让用户操作方便舒适。

一个良好的，交互性强的 GUI，应该遵循连贯一致性原则。一个好的用户界面，在画面上的布置及功能设置上应保持连贯。不同实验的相同功能应该分别有相同的工作方式，以使用户不会与一个给定的对象交互时发生混乱。

(1) 对于标准菜单和控制，应该努力使之在整个程序中保持外观和位置的一致。

(2) 执行同一类型的功能和交互的用户界面，应保持一致。

(3) 对于图标的使用，应该标准化，与操作系统用的保持一样，在一个应用程序中，所有这些都应该是连贯一致的。

2. 数据接口设计

接口设计包括两个方面：系统与外界环境的外部接口设计以及系统内部各模块之间的内部接口设计。

系统与外界环境的外部接口设计包括与常见遥感应用软件、地理信息系统软件进行数据交换规范，具体如表 6.1 所示。

表 6.1　数据外部接口

系统类型		接口类型	接口数据
遥感应用软件	ERDAS	数据格式兼容	转换为系统内部格式
	PCI	数据格式兼容	转换为系统内部格式
	ENVI	数据格式兼容	转换为系统内部格式
	……	……	……

---

① 《计算机软件开发规范》GB 8566-88

② 环境一号卫星遥感数据处理系统集成实施方案

续表

系统类型	接口类型	接口数据
地理信息软件	Arc/Info	数据格式兼容	转换为系统内部格式
	GeoStar	数据格式兼容	转换为系统内部格式
	……	……	……
遥感数据分发系统	SPOT	数据格式兼容	转换为系统内部格式
	TM	数据格式兼容	转换为系统内部格式
	……	……	……

系统内部各模块之间的内部接口设计就是系统模块间的接口设计，它是由模块间传递的数据格式和程序设计语言的特性决定的。将指定统一规范，约定系统内各模块之间的数据交换格式，模块与基础平台的交换格式。

6.3　数据处理系统信息处理流程设计分析

6.3.1　数据处理一般流程

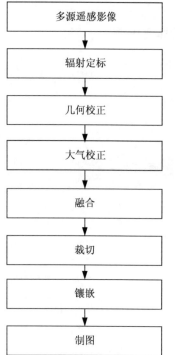

图 6.2　多源遥感影像处理流程

多源遥感影像处理一般包含辐射定标、几何校正、大气校正、融合、裁切、镶嵌、制图等几个部分，各部分的处理顺序如图 6.2 所示。

几何校正是数据处理的基础，后续处理与应用都是以此为基础的；大气校正是定量反演的基础，在生产专题产品时，必须进行大气校正。

6.3.2　光学影像辐射定标

环境卫星辐射定标主要包括：相对辐射校正、在轨 MTF 测量、在轨 MTF 补偿、CCD 交叉定标与图像归一化处理[①]。

1. 相对辐射校正

相对辐射校正是对高光谱成像仪的前几十个波段图像的残余条带进行条带去除。

2. MTF 测量

针对环境卫星 CCD 相机这种中高空间分辨率卫星数据，选

---

① 环境一号卫星遥感数据处理系统集成技术报告，2011

择针对中高空间分辨率的在轨 MTF 测量算法，测得传感器图像在轨跨轨与沿轨的 MTF 曲线，MTF 测量算法有理想脉冲法和输入脉冲法，每一种方法还分跨轨 MTF 与沿轨 MTF 测量。

3. MTF 补偿

针对我国环境卫星等中高空间分辨率卫星数据，选择适合传感器 MTF 在截止频率比较低的 MTF 补偿算法对遥感图像进行 MTF 补偿(图 6.3)。MTF 补偿算法包括维纳滤波法与改进的逆滤波器算法。

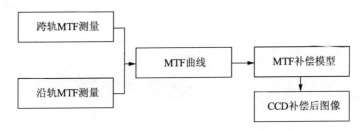

图 6.3 CCD 相机图像 MTF 补偿流程图

4. CCD 交叉定标

利用 6S 辐射传输软件，计算待定标传感器 HJ-1CCD 或北京一号多光谱相机与参考传感器 MODIS 的 TOA 反射率，基于计算得到的目标与参考传感器的 TOA 反射率，计算待定标传感器与参考传感器某个波段的光谱匹配因子。交叉辐射定标是计算出待定标传感器某个波段的表观反射率与辐射度定标系数，这里计算的反射率定标系数是归一化后的定标系数(图 6.4)。

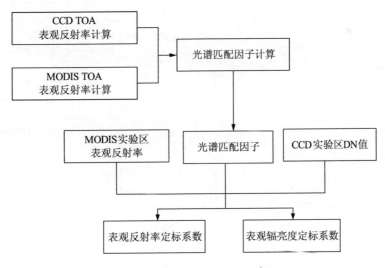

图 6.4 CCD 交叉定标流程图

5. 数据归一化

不同传感器即使是某一波段范围一样，由于光谱响应不同，对同一目标观测的结果也不同；另外，不同的观测几何对观测结果也会产生较大的影响，这种影响即为 BRDF 特性。利用光谱归一化和 BRDF 归一化分别对上述影响进行校正。时间归一化将对历史定标系数建立时间衰减规律模型，算出某一时间段内任一 CCD 图像的辐亮度和表观反射率。

6.3.3　雷达影像辐射定标

通过研究环境一号卫星 S 波段 SAR 传感器的辐射定标技术，提高微波遥感器的定标精度，保障卫星遥感器数据的可信度和实用性，提高环境一号卫星 S 波段 SAR 数据用于生态环境监测的准确性和定量化水平[①]。

TerrSAR-X 定标的具体流程如图 6.5 所示。

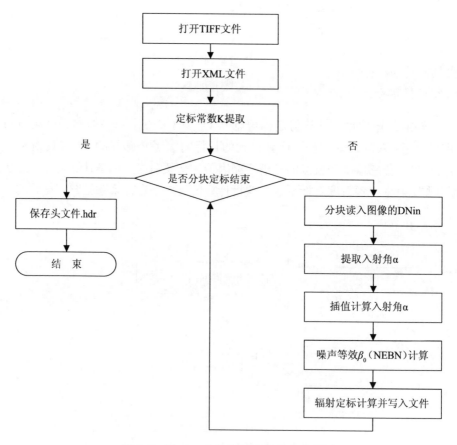

图 6.5　Terrsar-X 定标子系统技术流程图

---

① 环境一号卫星遥感数据处理系统集成技术报告，2011

6.3.4　多尺度环境遥感数据自动配准

多尺度环境遥感数据自动配准负责对环境卫星的遥感数据进行配准处理，包括同载荷内部不同波段间配准、同一卫星平台不同载荷间配准、不同卫星平台遥感数据自动配准。

多尺度环境遥感数据自动配准总体技术流程如图 6.6 所示，主要包含特征点检测、特征点匹配、特征点精匹配和图像变换多个步骤，配准结果影像与基准影像分辨率一致，大小一致。在基于配准的几何精校正情况下，结果影像保持原有分辨率，经纬度信息根据基准影像进行了相应的纠正。

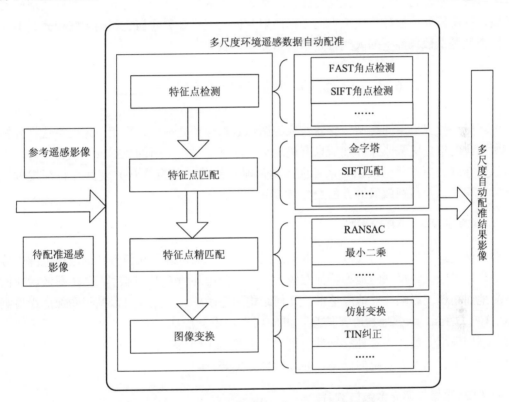

图 6.6　多尺度环境遥感数据自动配准技术流程图

6.3.5　面向环境遥感监测的城市大气订正

城市环境大气校正实现对环境一号等国产卫星遥感数据的大气校正及气溶胶光学厚度反演。基本原理是：利用同一区域晴朗天气和污染天气的卫星影像，通过污染天气的卫星影像反演得到气溶胶光学厚度值，再利用气溶胶光学厚度值对晴朗天气卫星影像进行高精度大气校正。首先，对晴朗天气的原始影像进行辐射定标、影像裁剪预处理，得到需要进行大气校正的区域，并进行初步的大气校正，得到地表反射率数据。然后将地表反射率数据传递到气溶胶光学厚度反演模块，实现污染天气的卫星影像高精度气溶胶光学厚度反演。最后，将反演得到的气溶胶光学厚度值传递到大气校正模块，实现原始影像的高精度大气校正[①]。

6.3.6　面向环境遥感监测的水体大气订正

环境卫星水环境大气校正是针对环境卫星 CCD 相机的载荷特点，以我国区域性的水体光学特征和水-气辐射传输模型为基础的查找表校正方法。

环境一号卫星宽视场 CCD 相机在红光、近红外波段处的通道数较少，波段响应较宽。根据卫星数据实时计算大气气溶胶散射贡献、订正水汽吸收，存在着一定困难。因此，建立查找表时需要考虑它们的不同变化情况，增加查找表的变化因子。与此同时，围绕地面实验的监测，利用辐射传输计算模拟不同太阳照射几何、卫星观测几何、不同大气模式、不同的气溶胶模型等参数条件下的大气订正参数，建立查找表[①]。

6.3.7　面向环境遥感监测的数据融合

将环境一号卫星不同类型传感器获取的图像数据经预处理后，采用一定的算法将各幅图像中所包含的信息优势或互补性信息有机地结合起来，以产生新的数据，来获得对同一事物或目标更客观、更本质的认识，从而大大提高融合图像的信息含量并使其在特征提取、分类、目标识别以及目视效果等方面更为有效[①]。

1. CCD 数据与 SAR 数据融合

多光谱遥感图像数据与成像雷达数据之间，由于成像机理、几何特征、波谱范围、分辨能力等均差异较大，反映的地物特征有较大不同。利用环境 C 星 S 波段 SAR 图像后向散射强度受地面粗糙度影响，对地面地形、几何结构形态敏感。因此，可以基于图像边缘检测的SAR、CCD 融合，增强地物边界信息，可应用于城市、耕地、大型工程、工矿区等的动态监测。利用环境 S 波段对林地穿透性，可以大大增加 CCD 融合图像林地光谱的可分性。此融合可应用于乔木生态系统的分类，如红树林分类等。

2. CCD 数据与超光谱数据融合

环境一号卫星超光谱成像仪与 CCD 光谱响应范围一致（均为蓝波段至近红外波段），对于 A 星而言，同步获取的超光谱图像和 CCD 图像具有较大相关性，利用融合的方式可以获取中分辨率、高光谱分辨率地面影像。对于开展土地利用的精细分类，目标识别具有重要利用价值。

3. CCD 数据与红外相机数据融合

利用 B 星 CCD 图像与红外相机中、远红外数据进行融合，可以增强 CCD 多光谱数据对

---

　　① 环境一号卫星遥感数据处理系统集成技术报告，2011

热红外的解读，辅助与一定图像增强、图像表征，可用于火点/热源识别及制图中。这种融合是在特征级上进行的。另外红外相机短波红外与 CCD 融合，可以很好地进行植被、草地等生态系统水分胁迫监测。

4. 多时相 CCD 数据融合

CCD 数据时间分辨率较高，同一研究区能获取较多多时相遥感数据，这为对研究区开展多时相融合提供了充足的数据基础。一般来说，多时相遥感数据融合主要有两个目标：一是利用光谱特征时间效应（即地物光谱特征随时间变化的特征），来提高专题信息的识别能力和分类精度；二是利用地面目标不同时序的变化信息，进行动态分析、变化检测，如资源与环境的变化、城市的扩展、湖泊的消长、河流的迁徙等。

5. CCD 高分融合

CCD 高分融合常规的融合方法有：比值融合、高通滤波、IHS 变化、主成分变换、小波变换等融合方法。本软件实现比值融合。

6.4　数据处理系统标准规范

以 VC++为主要开发语言，以 X86 系列 PC 机为硬件平台对综合示范软件基础平台进行开发。全面采用软件工程方法进行软件平台的开发。软件平台的分析、总体设计、详细设计、开发实现、系统测试等开发过程严格按软件工程的原则和方法，采用软件质量保证（SQA）实施全程质量控制，采用规范化的开发标准和管理机制保障研究的实施，以先进的软件开发过程确保开发活动的有序、高效、高质量地完成。

6.4.1　开发技术规范要求

1. 开发环境规范

（1）操作系统：采用标准的 Windows 操作系统。
（2）开发语言：C/C++。
（3）应用系统核心功能不可使用第三方软件，需要从底层开发。
（4）提供软件框架代码，包括标准输入输出、影像显示以及处理算法的例子供参考。

2. 界面设计规范

图形化用户界面（GUI）是用户与系统交互的重要接口，用户界面设计要做到美观、专业、易使用，快速的联机帮助动态查看手册方便用户。GUI 的设计人员应该遵循应用平台的操作系统所设立的或所特有的标准，这样用户可以比较容易使用他们开发前没有遇到的程序，因为该程序的使用方式与他们所熟悉的操作系统程序相似。以下是界面设计应遵循的几个规范：

（1）用户界面的主要功能是双向传递信息。

（2）界面风格必须前后一致。

（3）界面必须包括帮助和如何获得帮助的信息。

（4）程序必须让用户操作方便舒适。

1）界面功能要求

（1）多任务窗口环境。

（2）图形化的状态显示。

（3）提供在线帮助的友好界面。

（4）用户界面采用 GUI 界面方式。

2）界面风格要求

（1）Microsoft® Office 2003。

（2）可定制界面风格适应不同用户操作习惯。

3）界面开发库选择

（1）BCGControlBar. pro. v9 以上的版本。

（2）跨平台界面库 QT4. 4。

4）GUI 设计指导原则

一个良好的、交互性强的 GUI，应该遵循如下准则：

（1）连贯一致性原则。一个好的用户界面，在画面上的布置及功能设置上应保持连贯。不同实验的相同功能应该分别有相同的工作方式，以使用户不会与一个给定的对象交互时发生混乱。

对于标准菜单和控制，应使之在整个程序中保持外观和位置的一致。

执行同一类型的功能和交互的用户界面，应保持一致。

对于图标的使用，应该标准化，与操作系统用的保持一样，在一个应用程序中，所有这些都应该是连贯一致的。

（2）提示性原则。程序正在处理一个计算过程，需要很长的时间，却又不向用户提供任何线索让他知道正在做什么，那将使用户感到极大的烦恼。让用户有效地理解应用程序正在做什么是十分重要的。

当程序发生错误或完成一个重要功能时，应给予信息提示。例如，用户按下"删除"按钮后，应给出消息框以确认是否真的要删除；执行一个功能需要一定的等待时，建议显示一状态表示，如对一般的任务(3～15 秒)时间完成的用沙漏光标，如果需要更长的时间，最好显示一个进度表等。

（3）简洁性原则。应该使屏幕上没有任何一个多余的构件或控件。屏幕设置的形式取决于屏幕将要充当的角色。对于太多的一种构件或控件应将之分组或分成子类。每个构件或控件之间应该用一种连贯的方式，安排得尽量紧凑，合理，简洁明了。

（4）合理性原则。给定什么任务使用什么构件或控件，切记不要使用一种构件或控件来适应所有的情况。例如，MDI(多文档界面)适用于用户打开多个自含窗口，且窗口与不同的文档相连，如字处理软件或电子表格、报表程序等，而不适用于做 C/S 应用程序等。

（5）习惯性原则。界面设计应该使大多数的操作顺序为从左到右、从上到下的通用方向流。

（6）易用性原则。易用性是程序设计的关键所在。易用性是通过设计流来反映。例如，对于使用率高的功能应以简单的热键就可以激活功能。如果操作要求使用键盘，就应使所有的操作都能从键盘上获得。一个普通的操作要求在鼠标和键盘之间来回切换是多余且不应该的。

屏幕布局应与过程流相一致。

3. 子模块算法需求

提供算法模块需求分析说明书、功能分析报告、性能分析报告、可靠性分析报告、扩展性分析报告、概要设计说明书、详细设计说明书(UML 建模图)、编码与测试、源代码、测试用例、测试报告、效果分析与反馈。

6.4.2　软件开发过程规范

1. 实验开发过程阶段

软件开发过程主要分为系统需求分析、软件需求分析、软件设计、编码实现、单元测试、配置项测试、系统测试和确认测试几个阶段[①]。

软件开发过程后，进入系统联调及试运行阶段，随后由用户确认验收。

2. 软件开发过程阶段输入输出(表 6.2)

表 6.2　软件开发过程输入与输出

阶段	输入	输出
需求分析阶段	分系统总体技术方案	分系统需求规格说明 软件需求规格说明
软件设计阶段	软件需求规格说明	软件设计说明 数据库设计说明
编码实现阶段	软件设计说明 数据库设计说明	软件源代码 软件用户手册 软件安装程序
单元测试阶段	软件源代码	单元测试计划 单元测试说明 单元测试报告

---

① 《计算机软件开发规范》GB 8566-88

续表

阶段	输入	输出
配置项测试阶段	软件用户手册 软件安装程序	配置项测试计划 配置项测试说明 配置项测试报告
系统测试阶段	软件用户手册 软件安装程序	系统测试计划 系统测试说明 系统测试报告
确认测试阶段	软件用户手册 软件安装程序	确认测试计划 确认测试说明 确认测试报告

3. 软件过程工具

软件开发过程中充满着烦琐的重复劳动——文档开发及维护，版本的控制与变更的控制，工时与进度的跟踪与汇报，等等。这些不仅耗费了大量的时间和精力，而且如果处理不当，还会直接影响研究产品的交付和研究的成败。软件过程工具的使用可以辅助开发者完成这些烦琐的劳动，将有效提升团队的整理开发能力，保证研究的质量。

在软件开发的各个阶段建议使用如下软件过程工具（表 6.3）。

表 6.3　软件过程工具

序号	阶段	工具	说明
1	需求分析	RequisitePro	需求开发与管理
2	软件设计	Rose Professional	UML 模型设计
3	版本控制	ClearCase	源代码、二进制文件、文档等资源版本控制
4	变更控制	ClearQuest	任务跟踪与 Bug 的管理
5	软件测试	TestManager Robot	测试资源管理 自动化测试
6	项目管理	Project Console	收集和管理项目文档、模型

4. 软件开发过程控制

本次研究软件过程的各个阶段都应采用软件质量保证（SQA）实施全程质量控制（表6.4）。其中，通过各项测试保证软件质量，通过各阶段的评审工作保证软件开发过程。

表 6.4　软件开发过程控制表

序号	评审活动	被评审的工作产品	评审方式
1	需求评审	系统需求规格说明 软件需求规格说明	会议
2	设计评审	软件设计说明 数据库设计说明	会议

续表

序号	评审活动	被评审的工作产品	评审方式
3	单元测试计划评审	软件单元测试计划	会议/会签
4	单元测试说明评审	软件单元测试说明	会议/会签
5	单元测试报告评审	软件单元测试报告	会议/会签
6	配置项测试计划评审	配置项测试计划	会议/会签
7	配置项测试说明评审	配置项测试说明	会议/会签
8	配置项测试报告评审	配置项测试报告	会议/会签
9	系统测试计划评审	系统测试计划	会议/会签
10	系统测试说明评审	系统测试说明	会议/会签
11	系统测试报告评审	系统测试报告	会议/会签
12	确认测试计划评审	确认测试计划	会议/会签
13	确认测试说明评审	确认测试说明	会议/会签
14	确认测试报告评审	确认测试报告	会议/会签

6.5　多传感器数据预处理核心算法集成

6.5.1　集 成 思 路

基于构建的软件基础平台，通过多种集成模式合理组合的系统集成技术，将"多源环境遥感数据的高精度辐射校正和交叉辐射定标"、"多尺度环境遥感数据自动配准"、"面向环境遥感监测的大气订正"、"面向环境遥感监测的环境一号等国产卫星数据融合"等功能，进行从软件框架层次到数据处理流程的整合和完善，形成环境一号卫星遥感数据处理系统，拟采取以下四种集成策略[①]：基于源代码的集成、基于 DLL 的集成、基于组件的集成和基于统一数据接口的集成。

1. 基于源代码的集成

基于源代码的集成，可以很好地解决模块之间的耦合问题，统一代码风格，便于资源统一规定、集成测试和调试等工作。不同软件模块可能用到不同版本相同底层库造成资源冗余浪费，系统资源定义很有可能冲突，这些问题都可以通过源代码的集成得到很好的解决。

2. 基于动态链接技术集成

动态链接技术是系统允许可执行模块（.dll 文件或 .exe 文件）在运行过程中，需要定位到 DLL 函数的可执行代码所需的信息。可执行模块（.dll 文件或 .exe 文件）在运行时加载这些模块。其有如下优点：

---

① 《计算机软件开发规范》GB 8566-88

（1）节省内存，减少交换操作。使用动态链接，多个进程可以同时使用一个 DLL，在内存中共享该 DLL 的一个副本。

（2）节省磁盘空间。使用动态链接，在磁盘上仅需要 DLL 的一个副本。

（3）更易于升级。使用动态链接，DLL 中的函数发生变化时，只要函数的参数和返回值没有更改，就不需重新编译或重新链接使用它们的应用程序。

（4）支持多语言程序，只要程序遵循函数的调用约定，用不同编程语言编写的程序就可以调用相同的 DLL 函数。

（5）提供扩展 MFC 库类的机制。可以从现有 MFC 派生类，并将它们放到 MFC 扩展 DLL 中供 MFC 应用程序使用。

（6）支持多语言程序，并使国际版本的创建轻松完成。可将用于应用程序的每个语言版本的字符串放到单独的 DLL 资源文件中，并使不同的语言版本加载合适的资源。

3. 基于组件技术集成

组件式软件技术已经成为当今软件技术的潮流之一。组件技术的基本思想是：将大而复杂的应用软件分成一系列可先行实现、易于开发、理解、复用和调整的软件单元，称为组件（components）；创建和利用可复用的软件组件来解决应用软件的开发问题；具有模型化、可复用性、高可靠性等特点。与面向对象的编程语言不同，组件技术是一种更高层次的对象技术，它独立于语言和面向应用程序，是一种能够提供某种服务的自包含软件模块，封装了一定的数据（属性）和方法，隐藏了具体的实现细节，并提供特定的接口，开发人员利用这一特定的接口来使用组件，并使其与其他组件交互通讯，以此来构造应用程序。开发人员还可以对组件单独进行升级，使得应用程序可以随时向前发展进化。组件的概念是独立于编程语言的，也就是说用一种语言编写的组件能在用另一种语言编写的应用程序中很好地工作。因此，只要遵循组件技术的规范，各个软件开发者就可以用自己熟练的语言，去实现可被复用的组件，开发人员就可实现在硬件领域早已实现的梦想，挑选组件组装新的应用软件。

采用组件技术的软件系统不再是一种固化的整体性系统，而是通过各种组件互相提出请求及提供服务的协同工作机制来达到系统目标，由于组件的良好接插特性，使其变得极为灵活。组件技术具有以下优点：

（1）提高系统开发速度，可以利用现有软件组件，大大缩短开发周期。

（2）降低开发成本。

（3）增加应用软件的灵活性，使之具有较强的可伸缩性和可扩展性。

（4）降低了系统的维护费用。

4. 基于统一数据接口的集成

基于统一数据接口的集成是采用传统的集中管理的固化接口方式开发的应用系统的集成方法。这种方式的集成是将独立的子应用系统组装成整体系统的过程。在事先经过需求分析及设计后开发的软件，其各种功能或各种特性用固定的方式联系在一起。一个应用软件作为一个整体，在发布之前就集成了广泛的使用特性。这种集成方式许多特性不能独立地被去除、升级或者替代，而且若要集成新的特性，是一件耗时的工作。

　　然而，这种集成方式，其接口较少且简单，各应用系统之间互相独立，彼此透明，开发人员无须过多了解使用特征，只需要遵循统一数据接口，即可将多个使用特征封装成整体应用系统，是这几种集成方式中最为方便的一种。

6.5.2　功能集成

1. 光学影像辐射定标

　　基于基础平台，采用基于统一数据接口的集成方式进行光学影像辐射定标模块的集成，环境卫星辐射定标主要包括：相对辐射校正、在轨 MTF 测量、在轨 MTF 补偿、CCD 交叉定标与图像归一化处理等功能[①]（图 6.7）。

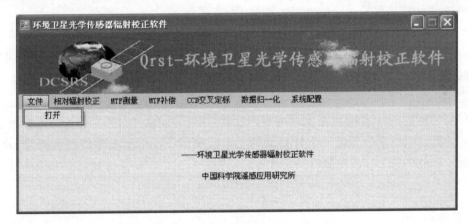

图 6.7　光学影像辐射定标功能

1）相对辐射校正

对高光谱成像仪前几十个波段图像的残余条带进行条带去除。

2）MTF 测量

（1）理想脉冲测量法。基于 1 个像元左右的线状地物进行在轨 MTF 测量。
（2）输入脉冲测量法。基于 2 个像元及以上的线状地物进行在轨 MTF 测量。

3）MTF 补偿

（1）维纳滤波法。利用维纳滤波法对 CCD 图像进行图像 MTF 补偿。
（2）改进的逆滤波器法。利用改进的逆滤波器法对 CCD 图像进行图像 MTF 补偿。

---

① 环境一号卫星遥感数据处理系统集成技术报告，2011

4）CCD 交叉定标

（1）MODIS 卫星 TOA 反射率。根据地面光谱曲线、太阳天顶角、太阳方位角、传感器天顶角、传感器方位角、日期、气溶胶光学厚度，通过调过 6S 辐射传输软件，得到 MODIS 卫星 TOA 反射率。

（2）HJ-1A 卫星 CCD TOA 反射率。根据地面光谱曲线、太阳天顶角、太阳方位角、传感器天顶角、传感器方位角、日期、气溶胶光学厚度，通过调过 6S 辐射传输软件，得到 HJ-1A 卫星 CCD 相机蓝色波段 TOA 反射率。

（3）HJ-1B 卫星 CCD TOA 反射率。根据地面光谱曲线、太阳天顶角、太阳方位角、传感器天顶角、传感器方位角、日期、气溶胶光学厚度，通过调过 6S 辐射传输软件，得到 HJ-11B 卫星 TOA 反射率。

（4）光谱匹配因子计算。对待定标传感器与参考传感器各通道的光谱响应进行光谱匹配计算得到光谱匹配因子。

（5）交叉定标-表观反射率。利用通过调过 6S 辐射传输软件对待定标传感器与参考传感器各通道的光谱响应进行光谱匹配计得到的光谱匹配因子，根据参考传感器图像 DN 值均值、目标传感器图像 DN 值均值以及参考传感器的定标系数，计算得到待定标传感器的表观反射率定标系数。

（6）交叉定标-表观辐亮度。利用通过调过 6S 辐射传输软件对待定标传感器与参考传感器各通道的光谱响应进行光谱匹配计得到的光谱匹配因子，根据参考传感器图像 DN 值均值、目标传感器图像 DN 值均值以及参考传感器的定标系数，计算得到待定标传感器的表观辐亮度定标系数。

5）数据归一化

（1）光谱响应归一化。将待归一化的光谱响应函数，归一化到参考传感器光谱响应函数。

（2）图像 BRDF 归一化。进行卫星数据多角度反射率数据的辐射归一化处理。

2. 雷达影像辐射定标

基于基础平台，采用基于统一数据接口的集成方式进行雷达影像定标模块的集成，主要包括 MGD，GEC 与 EEC 数据绝对定标，MGD 数据绝对定标主要实现精确地距数据产品绝对定标，GEC 数据绝对定标主要实现地球椭球编码数据产品绝对定标，EEC 数据绝对定标主要实现正射之后的数据产品绝对定标（图 6.8）。

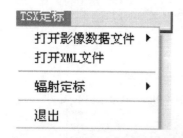

图 6.8　雷达影像辐射定标功能

3. 多尺度环境遥感数据自动配准

多尺度环境遥感数据自动配准模块包括环境卫星波段间配准、环境卫星同源影像配准、环境卫星多源影像配准等功能，能够实现同源及多源数据的自动配准，基于自动配准的遥感图像定位、几何精校正，以及遥感数据空间分辨率转换。

1）多尺度环境卫星遥感数据自动配准模块（图 6.9）

（1）基准底图及传感器类型：单击自动配准界面上的"基准底图"右侧的"打开"，选定基准图像的路径；并在右侧"传感器类型"中选定基准底图的传感器类型。

（2）待纠正图像及传感器类型：单击自动配准界面上的"待纠正图像"右侧的"打开"，选定待配准图像的路径；并在右侧"传感器类型"中选定待配准图像的传感器类型。

（3）参数设置：包括以下配准参数的设置：

"当前定位误差"：即搜索区域半径，与图像间相对误差有关；

"特征点检测方法"：指定特征点检测算法，包括 FAST、Harris、SUSAN；

"尺度变换方法"：指定图像分辨率转换算法，包括双三次插值、双线性插值、最邻近插值、小波变换；

"匹配半窗长"：指定模板匹配的匹配半窗长度；

"网格划分行数"：指定行方向检测特征点个数；

"网格划分列数"：指定列方向检测特征点个数；

"重采样模型"：指定图像变换模型，包括"三角网纠正"、"二次多项式"、"三次多项式"；

"输出控制点文件"：选择是否输出控制点文件，选中即输出，不选即不输出；

图 6.9　多尺度环境卫星遥感数据自动配准主界面

"参数 1"：特征点检测参数；

"参数 2"：特征点检测参数；

"参数 3"：RANSAC 粗差剔除阈值。

（4）临时文件路径：单击自动配准界面上的"临时文件路径"右侧的"打开"，选定此次配准工作的工作路径。

（5）配准图像路径：单击自动配准界面上的"配准图像路径"右侧的"打开"，选定此次配准结果影像的存储路径。

2）基于自动配准的遥感图像几何精校正模块（图 6.10）

（1）基准底图及传感器类型：单击自动配准界面上的"基准底图"右侧的"打开"，选定基准图像的路径；并在右侧"传感器类型"中选定基准底图的传感器类型。

（2）待纠正图像及传感器类型：单击自动配准界面上的"待纠正图像"右侧的"打开"，选定待配准图像的路径；并在右侧"传感器类型"中选定待配准图像的传感器类型。

（3）参数设置：包括以下配准参数的设置：

"当前定位误差"：即控制点搜索区域半径，与图像间相对误差有关；

"特征点检测方法"：指定特征点检测算法，包括 FAST、Harris、SUSAN；

"尺度变换方法"：指定图像分辨率转换算法，包括双三次插值、双线性插值、最邻近插值、小波变换；

图 6.10　基于自动配准的遥感图像几何精校正主界面

"匹配半窗长"：指定模板匹配的匹配半窗长度；

"网格划分行数"：指定行方向检测特征点个数；

"网格划分列数"：指定列方向检测特征点个数；

"几何精校正模型"：指定图像变换模型，包括"三角网纠正"、"二次多项式"、"三次多项式"；

"输出控制点文件"：选择是否输出控制点文件，选中即输出，不选即不输出。

（4）临时文件路径：单击自动配准界面上的"临时文件路径"右侧的"打开"，选定此次配准工作的工作路径。

（5）校正结果图像路径：单击自动配准界面上的"配准图像路径"右侧的"打开"，选定此次配准结果影像的存储路径。

4. 面向环境遥感监测的城市大气订正

城市遥感高精度大气校正采用地表 BRDF 耦合效应的大气校正方法。城市地区地表结构非常复杂，大型建筑物、道路、河流、车站、机场等地表类型的非规则性分布，使城市地表 BRDF 模型的构建面临严峻挑战，构建精确的城市 BRDF 模型是解决城市遥感高精度大气校正的关键。进一步，将城市 3D 几何模型引入构建城市 BRDF 模型，更能有效地提高城市 BRDF 模型的精度，3D 几何模型中真实的光谱信息为有效解决确定城市地表的反射率提供依据，是实现城市遥感高精度大气校正的有效手段[1]（图6.11）。

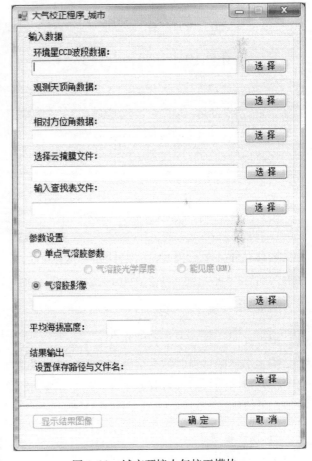

1）输入数据

输入数据包括：待校正的环境星 CCD 波段影像、观测天顶角影像、相对方位角影像、对应云掩膜影像、查找表。

2）参数设置

需要设置的参数包括：气溶胶参数和影像区域内平均海拔高度。其中气溶

图6.11　城市环境大气校正模块

---

① 环境一号卫星遥感数据处理系统集成技术报告，2011

胶参数分两类：一是使用气溶胶影像对待校正 CCD 影像进行大气校正；二是单点气溶胶参数即使用一个气溶胶参数对待校正的 CCD 影像进行大气校正。

5. 面向环境遥感监测的水体大气订正

环境卫星水环境大气校正是针对环境卫星 CCD 相机的载荷特点，以我国区域性的水体光学特征和水-气辐射传输模型为基础的查找表校正方法（图 6.12）。利用基于统一数据接口的集成方式进行该模块的集成[①]。

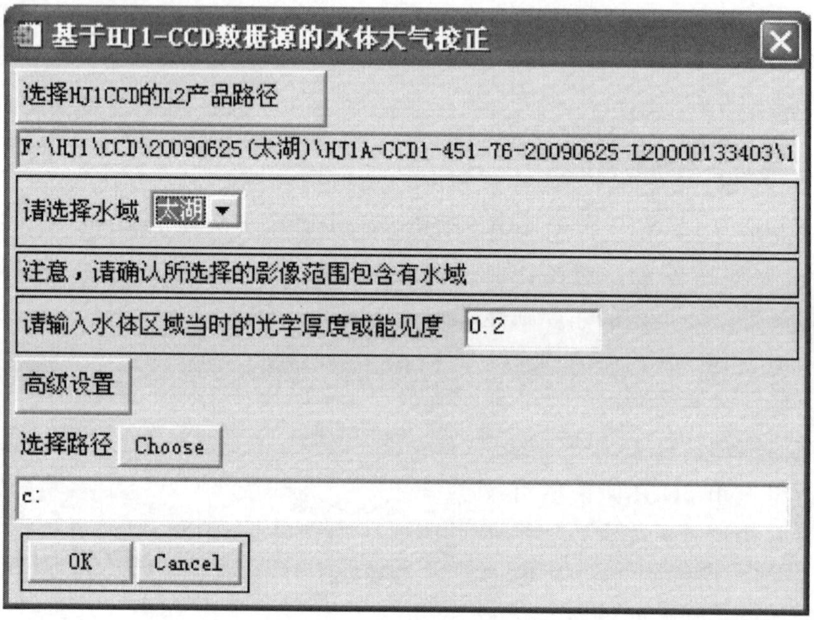

图 6.12　水体大气校正模块

1）选择 HJ-1CCDL2 产品路径

选择存储环境卫星 CCD 相机的 L2 级数据目录，同目录下有 4 个波段文件(TIF)，1 个元数据文件(XML)和 1 个观测几何文件(txt)，6 个文件名必须是下载后的官方默认命名。

2）选择水域

请确认所选择的影像范围包含有水域。

输入水体区域当时的气溶胶光学厚度或能见度。

输入地面测量的气溶胶光学厚度值(例如 AERONET 观测值)或当天气象观测的能见度数值。

3）高级设置

裁剪确定具体的水体区域。

---

① 　环境一号卫星遥感数据处理系统集成技术报告，2011

6. 面向环境遥感监测的数据融合

面向环境遥感监测的数据融合模块主要包括超光谱与红外数据融合、CCD 与红外数据融合、超光谱与 CCD 数据融合、超光谱与 SAR 数据融合、高空间分辨率与高时间分辨率数据融合等功能。利用基于统一数据接口的集成方式进行该模块的集成(见彩图 58)①。

6.6　环境一号卫星遥感数据处理系统运行实例

6.6.1　系 统 介 绍

环境一号卫星遥感数据处理系统主界面如图 6.13 所示。

图 6.13　环境一号卫星遥感数据处理系统主界面

6.6.2　系 统 结 构

环境一号卫星遥感数据处理系统的结构如图 6.14。

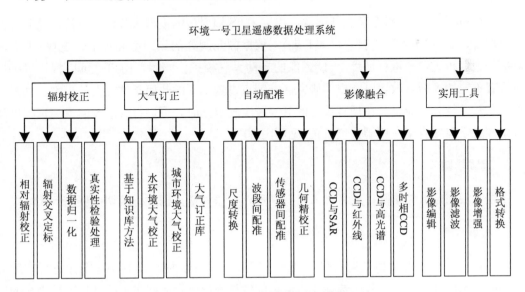

图 6.14　环境一号卫星遥感数据处理系统

---

① 环境一号卫星遥感数据处理系统集成技术报告，2011

（1）辐射定标模块：包括相对辐射校正模块、在轨 MTF 测量模块、在轨 MTF 补偿模块、CCD 交叉定标与图像归一化处理模块。

（2）大气校正：包括一般大气校正、水体大气校正、城市大气校正。

（3）影像配准：包括同载荷波段间影像配准、同平台不同载荷配准、不同平台载荷配准、空间分辨率转换、基于配准的几何精校正模块。

（4）影像融合：包括 CCD 数据与 SAR 数据融合、CCD 数据与超光谱数据融合、CCD 数据与红外相机数据融合、多时相 CCD 数据融合、CCD 高分融合、评价。

（5）实用工具：包括影像编辑、影像滤波、影像增强、格式转换等。

6.6.3　系　统　运　行

以太湖水华监测为例，根据环境一号卫星遥感数据处理流程，从原始遥感影像到产品制图主要有以下几个步骤：几何校正、大气校正、区域裁切、水华监测、产品制图等几个部分[①]。

1. 几何校正

针对环境一号卫星影像数据特点，提供了 HJ-CCD、HJ-IRS 和 HJ-HIS 三种自动匹配精纠正模型。输入待纠正影像数据和参考影像数据（TM），选择相应的纠正模型，自动匹配控制点，实现几何校正（见彩图 59）。

2. 大气校正

针对环境卫星 CCD 影像和红外影像，提供了 6S 辐射传输模型大气校正方法以及环境卫星 CCD 影像大气校正参数查找表（LUT 表）。根据像元所处的经纬度和季节，查找 LUT 表中对应的大气校正参数进行环境 CCD 影像的自动大气校正。同时，用户也可以根据传感器特点设置不同的模型参数，以及根据研究区域特点设置不同的几何条件、大气模型、气溶胶模型等参数进行大气校正。在拥有精确的气溶胶实况数据时，可进行气溶胶的反演，将反演的气溶胶光学厚度直接应用于大气校正（见彩图 60）。

3. 区域裁切

手绘待裁切区域矢量图，或者导入已有矢量，根据矢量范围进行裁切（见彩图 61）。

4. 水华监测

水华区域往往表现出植被的特征，利用 NDVI 来区分水华，对 NDVI 图像进行密度分割，同时对照标准假彩色图像，选择使得水华区域与假彩色合成图像中的红色区域吻合的阈值，利用该阈值对 NDVI 图像进行阈值分割（见彩图 62）。

---

① 环境一号卫星遥感数据处理系统集成技术报告，2011

5. 产品制图

设置制图模板，包括标题、数据源名称、投影类型、制作单位、制作人员、日期等基本信息，导入待制图产品，实现产品自动制图（见彩图 63）。

6.7　本章小结

面向环境遥感监测的需求，对环境一号卫星遥感数据处理系统进行了总体设计、方案设计、流程设计、开发标准规范制定、核心算法开发与集成等，形成了环境一号卫星遥感数据处理系统，以太湖区域水华监测为例，根据环境一号卫星遥感数据处理流程，利用该系统，实现了环境一号卫星影像的几何校正、大气校正、区域裁切、水华监测、产品制图，为我国环境遥感监测提供了实用的处理平台。

彩　　图

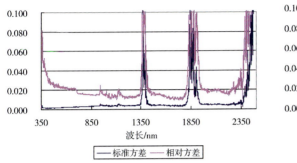
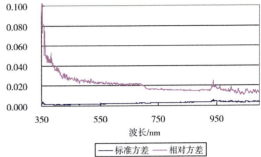

彩图 1　场地均匀性分析

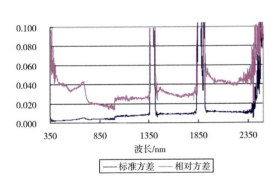
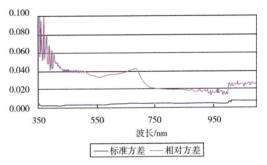

彩图 2　不同日期草原地表反射率标准方差以及相对方差

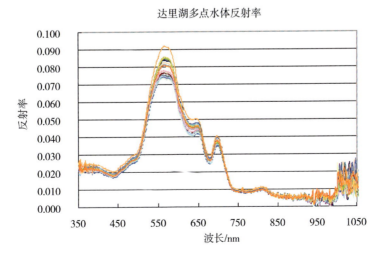

彩图 3　光谱数据

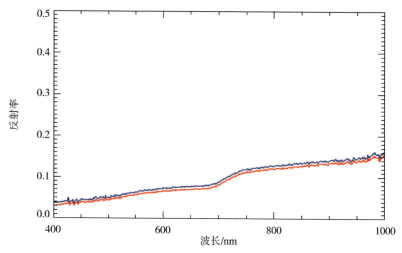

彩图 4　贡格尔场地 2010 年 6 月 23 日和 6 月 24 日反射率

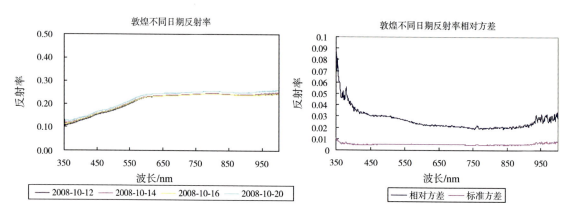

彩图 5　敦煌不同日期反射率及方差

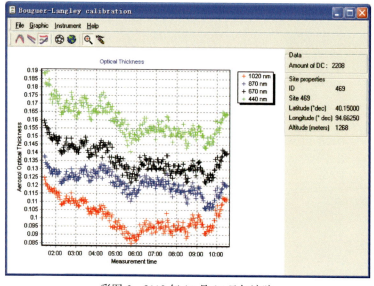

彩图 6　2008 年 10 月 20 日气溶胶

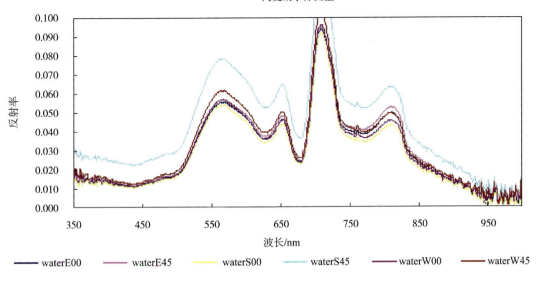

彩图 7　水体测量结果

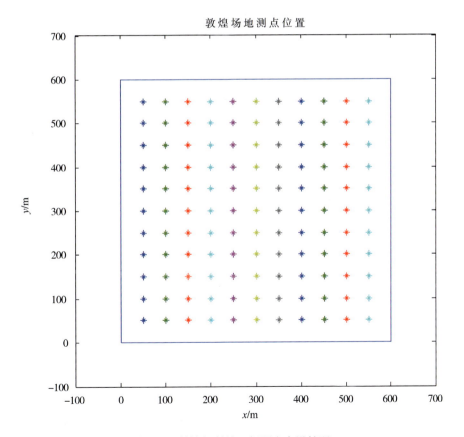

彩图 8　敦煌辐射校正场测点布设情况

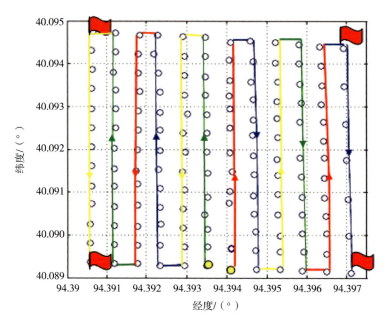

彩图 9　测量线路

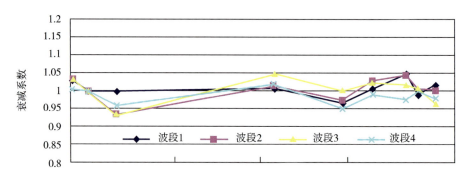

彩图 10　A1CCD 衰减系数

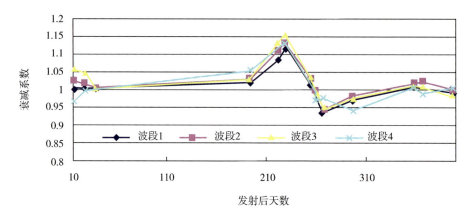

彩图 11　A2CCD 衰减系数

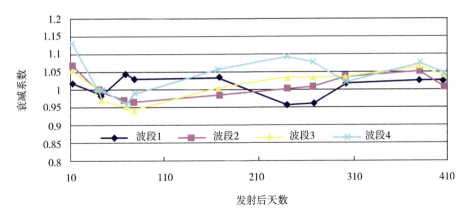

彩图 12　B1CCD 衰减系数

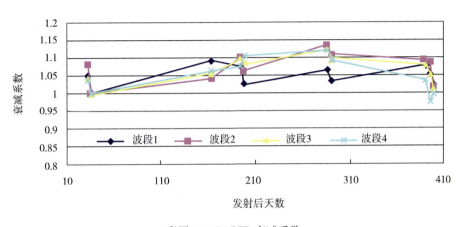

彩图 13　B2CCD 衰减系数

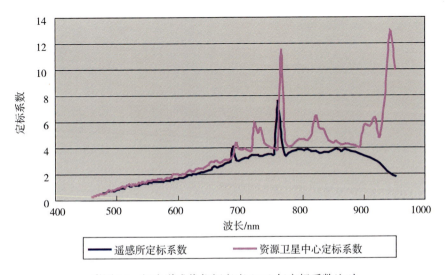

彩图 14　超光谱成像仪辐亮度 2008 年定标系数比对

内蒙古贡戈尔表观辐亮度验证

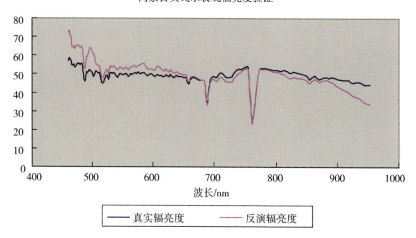

内蒙古达里湖表观辐亮度验证

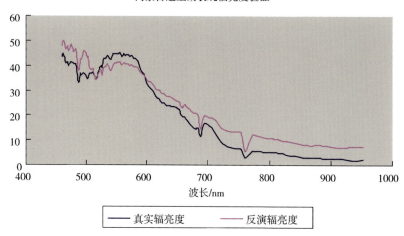

内蒙古岗更湖表观辐亮度验证

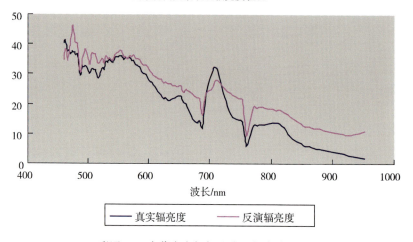

彩图 15　内蒙古定标场地表观辐亮度验证

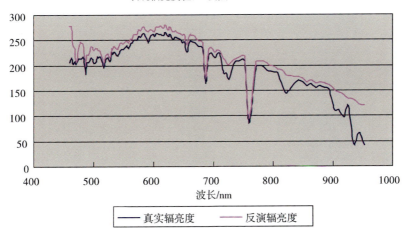

表观辐亮度验证–测点fin site

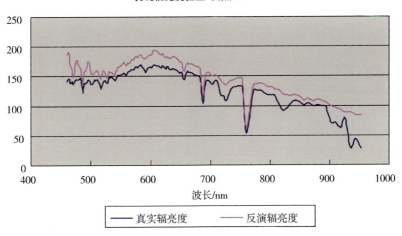

表观辐亮度验证–测点nu s10

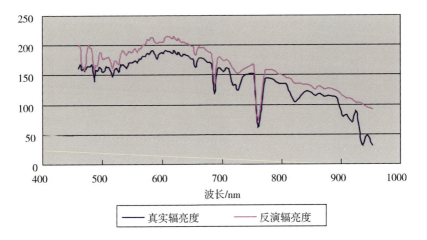

表观辐亮度验证–测点nu s15

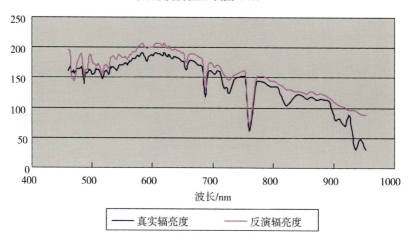

表观辐亮度验证–测点nu s15

图例：真实辐亮度　反演辐亮度

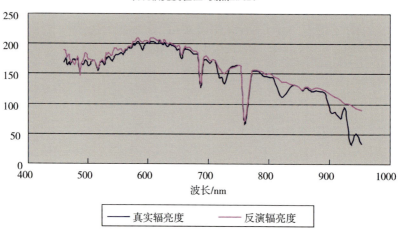

表观辐亮度验证–测点nu s20

图例：真实辐亮度　反演辐亮度

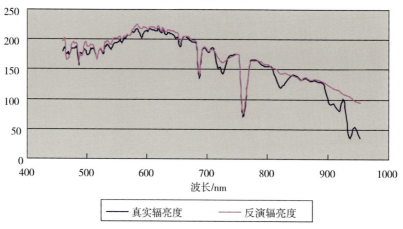

表观辐亮度验证–测点nu smooth

图例：真实辐亮度　反演辐亮度

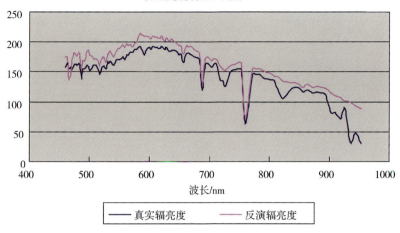

表观辐亮度验证–测点d1

真实辐亮度 反演辐亮度

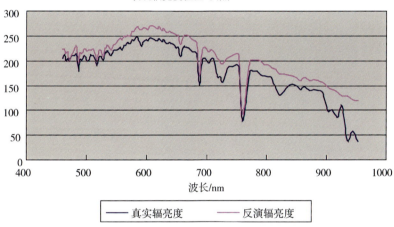

表观辐亮度验证–测点d2

真实辐亮度 反演辐亮度

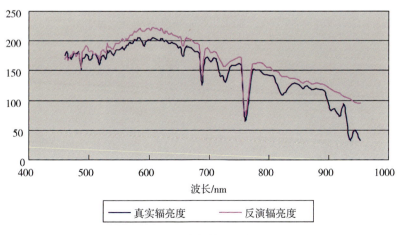

表观辐亮度验证–测点h1

真实辐亮度 反演辐亮度

彩图 16 定标结果比较图

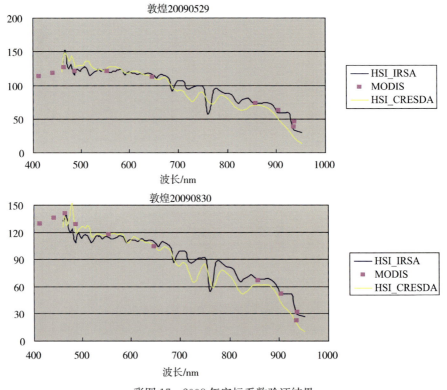

彩图 17　2008 年定标系数验证结果

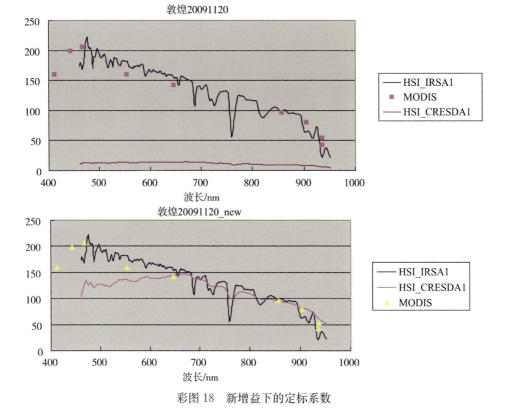

彩图 18　新增益下的定标系数

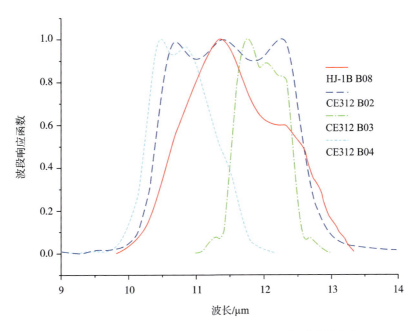

彩图 19　HJ-1B B08 和 CE312 B02，03，04 相对通道响应

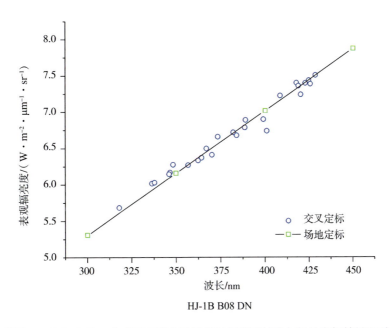

彩图 20　HJ-1B B08 表观辐亮度交叉定标时间序列结果与场地定标结果比对

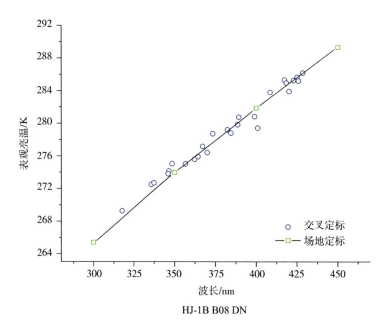

波长/nm

HJ-1B B08 DN

彩图 21　HJ-1B B08 表观亮温交叉定标时间序列结果与场地定标结果比对

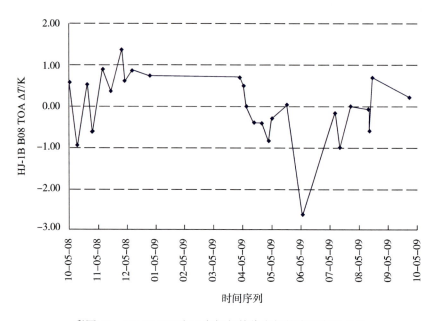

时间序列

彩图 22　HJ-1B B08 交叉定标与替代定标的表观亮温差异

彩图 23　2008 年 1 月 31 日北京地区 TerraSAR-X 辐射定标处理后的 SAR 图像（1m 分辨率）

彩图 24　2007 年 8 月 19 日 TerraSAR-X 定标图像（3m 分辨率）

彩图 25　2008 年 1 月 31 日 TerraSAR-X 定标图像（1m 分辨率）

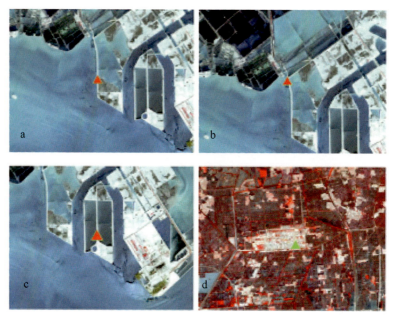

彩图 26　实验期间 CE318 测量位置

a. 2009 年 6 月 3 日；b. 6 月 4 日；c. 6 月 5 日和 6 日；d. 6 月 7 日

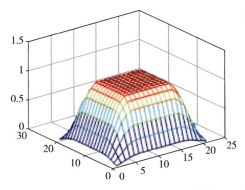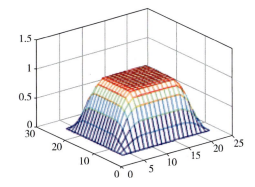

彩图27　修正前后二维 $D(u,v)$

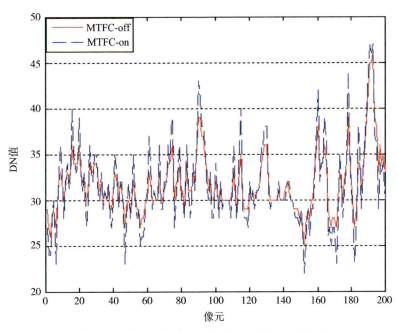

彩图 28　MTFC-off 和 MTFC-on 图像 DN 值剖线

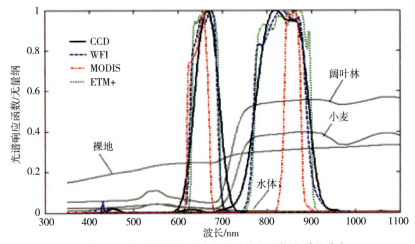

彩图 29　不同传感器光谱响应函数在地物光谱的分布

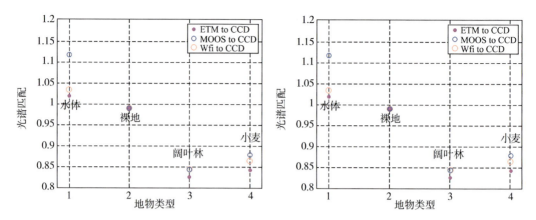

彩图 30　红波段与近红外波段光谱匹配因子

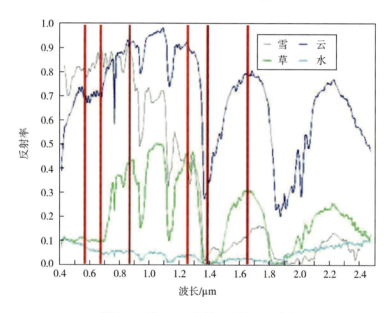

彩图 31　雪、云、植被、水体的光谱曲线

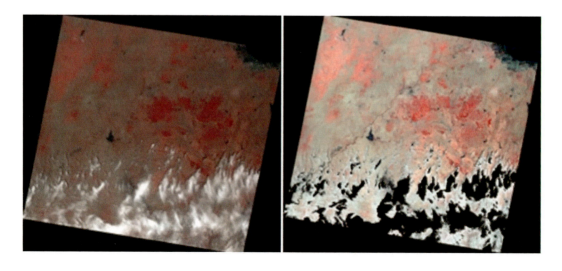

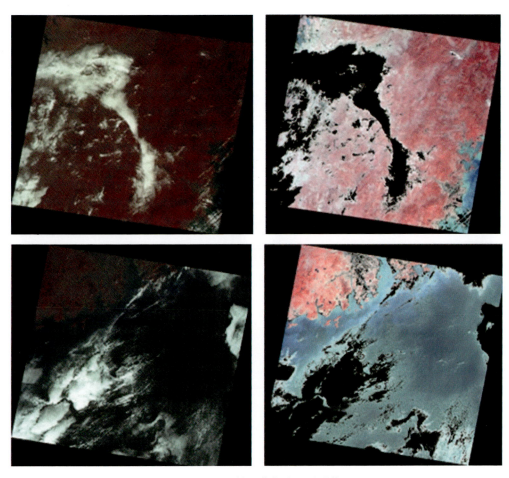

彩图 32　原始影像与去云后影像

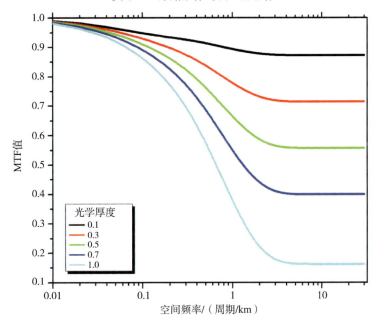

彩图 33　不同大气条件下的调制传递函数(MTF)值

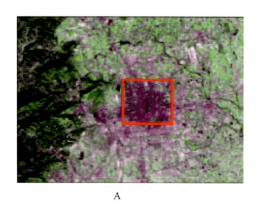

A

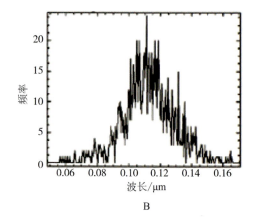

B

彩图 34 北京市区蓝光波段的地表反射率图(孙林,2006)

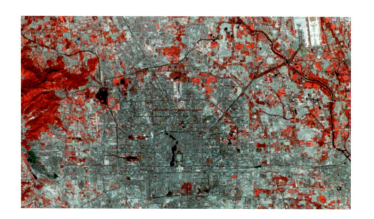

彩图 35 晴朗天气影像(4,3,2 波段假彩色合成)

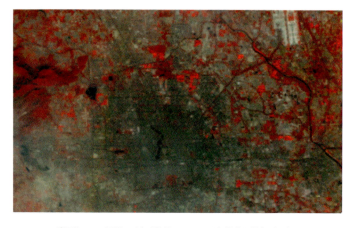

彩图 36 污染天气影像(4,3,2 波段假彩色合成)

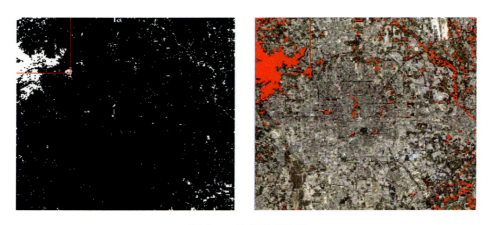

彩图 37　纯像元提取图

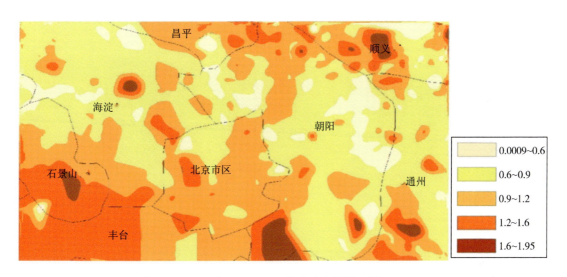

	0.0009~0.6
	0.6~0.9
	0.9~1.2
	1.2~1.6
	1.6~1.95

彩图 38　2009 年 10 月 10 日气溶胶光学厚度图(550 nm)

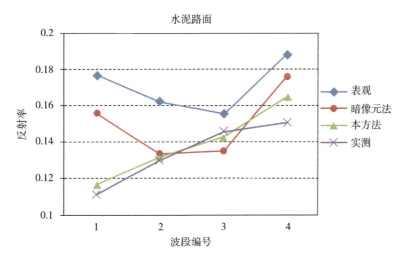

彩图 39　水泥路面大气校正前后反射率及与地面实测反射率对比

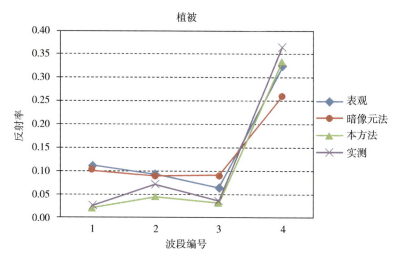

彩图 40   植被大气校正前后反射率及与地面实测反射率对比

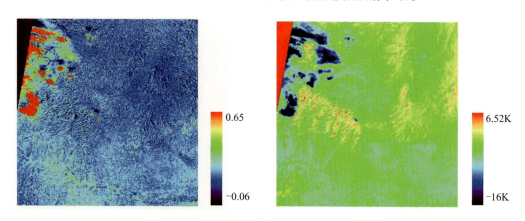

彩图 41   红波段反射率（左）和亮温（右）差值影像

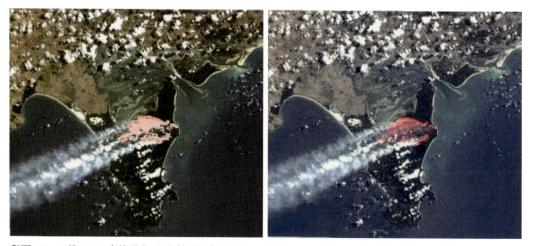

彩图 42   2 月 16 日直接叠加法火势图（采用叠加的方式，即直接将火势特征图叠加至 CCD 图像上）

彩图 43   2 月 16 日红波段融合法火势图（利用 CCD 数据红光波段和特征火场进行叠加计算，生成新的红光波段，再和 CCD 数据的蓝光、绿光波段进行彩色合成）

彩图 44　2 月 23 日直接叠加法火势图(方法同上)　　彩图 45　2 月 23 日红波段融合法火势图(方法同上)

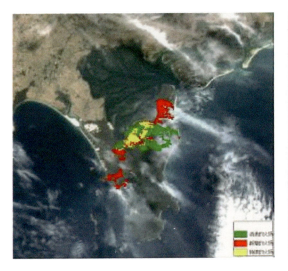
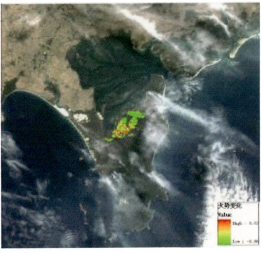

彩图 46　火场范围变化（根据火场区域范围的变化
进行叠加运算）

彩图 47　持续区火势强度变化（根据火势强度的变
化，进行叠加运算）

彩图 48 洪河湿地定标平场域区域范围图

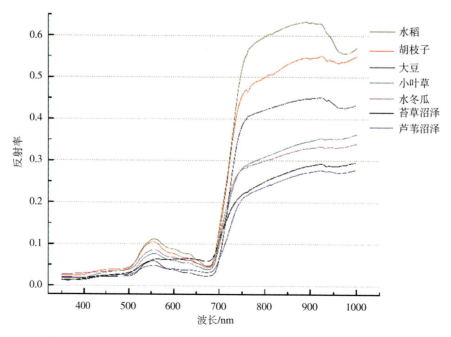

彩图 49 洪河湿地地面典型地物波谱测量(标注为以 900 nm 处先后顺序排列)

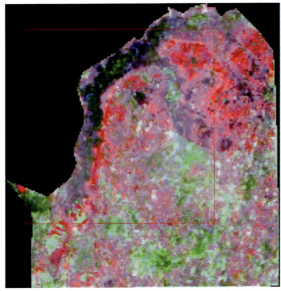

光谱融合后（R—100；G—70；B—40）

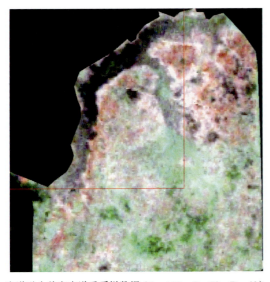

光谱融合前高光谱重采样数据（R—100，G—70，B—40）

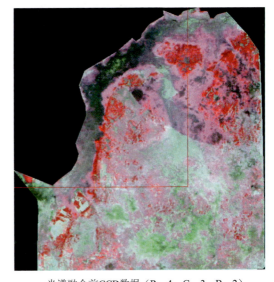

光谱融合前CCD数据（R—4，G—3，B—2）

彩图 50　融合图像

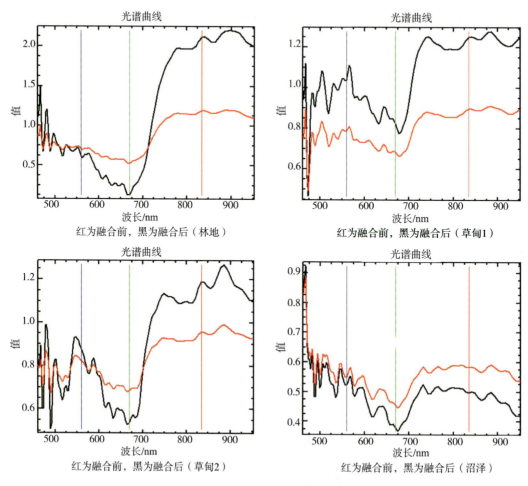

彩图 51　融合前后图像对比

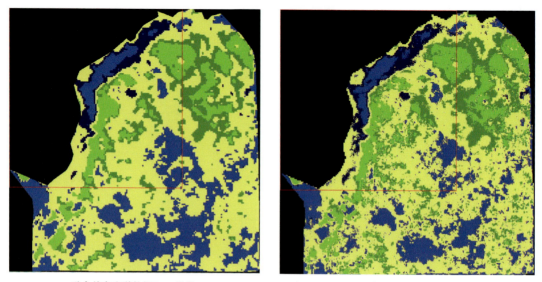

融合前高光谱数据SAM分类　　　　　融合后数据SAM分类

彩图 52　融合前后高光谱数据 SAM 分类

彩图 53　CCD 影像(上海地区，432 合成)

彩图 54　波段合成融合图像(R-SAR；G-CCD4；B-CCD2)

彩图 55　2009 年 2 月 21 日 CCD 数据(432 合成)

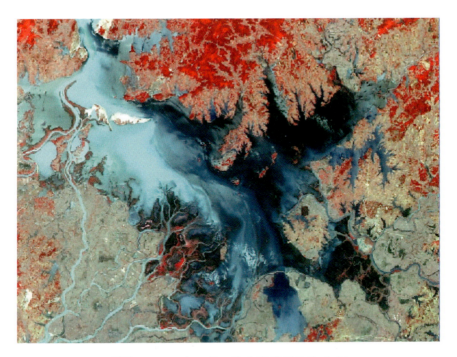

彩图 56　2009 年 5 月 3 日 CCD 数据(432 合成)

彩图 57　多时相融合结果图

彩图 58　影像融合界面

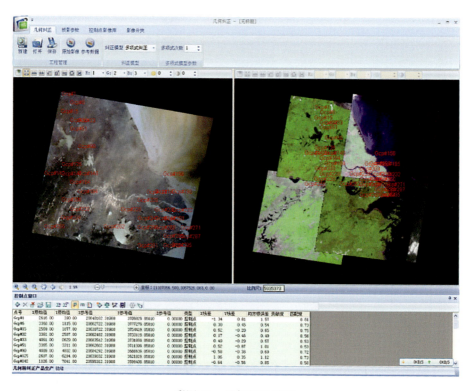

彩图 59　几何校正界面

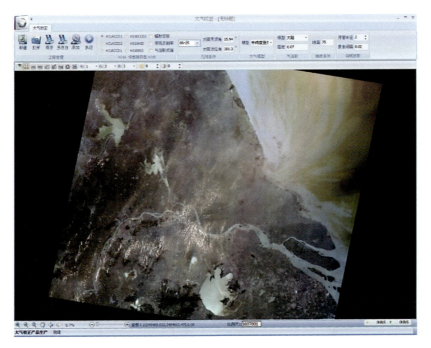

彩图 60　大气校正界面

彩图 61　区域裁切界面

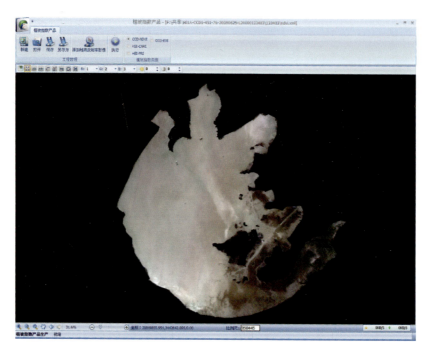

彩图 62　水华监测界面

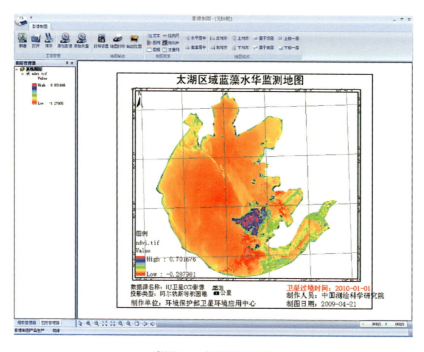

彩图 63　产品制图界面